普通高等教育新工科电子信息类课改系列教材

嵌入式系统设计实验

—— 基于 STM32CubeMX 与 HAL 库

主编 严学文 漆 强

西安电子科技大学出版社

内 容 简 介

本书是与《嵌入式系统设计——基于 STM32CubeMX 与 HAL 库》配套的实验指导书。

本书包括九个实验。其中，前六个实验是基础实验，包括 STM32 微控制器开发环境的搭建、通用输入/输出口(GPIO)的应用、外部中断、定时器、串口通信、FreeRTOS ，涵盖教材上绝大部分实验内容，并做了大量拓展。实验七～九是综合实验。实验七介绍了 ADC 的相关知识，设计了相关实验；实验八是综合设计 1，采用 FFT 设计了基于 ADC 和 CMSIS-DSP 库的数字频率计；实验九是综合设计 2，综合前面的实验内容，设计了一个点光源自动追踪系统(参考 2010 年全国大学生电子设计竞赛题)。本书在内容设计上循序渐进，逐步深入，配合详细的讲解视频，尽量降低嵌入式系统设计的学习门槛。

本书可作为高等院校电子信息类专业学生学习单片机、嵌入式系统、电子系统设计等实验课程的入门教材，也可以供全国大学生电子设计竞赛参与者、嵌入式系统爱好者、从事嵌入式应用的工程技术人员参考。

图书在版编目(CIP)数据

嵌入式系统设计实验：基于 STM32CubeMX 与 HAL 库 / 严学文，漆强主编. —西安：西安电子科技大学出版社，2023.5(2024.9 重印)
ISBN 978–7–5606–6847–5

Ⅰ. ①嵌…　Ⅱ. ①严…　②漆…　Ⅲ. ①微处理器—系统设计—实验—高等学校—教材
Ⅳ. ①TP332.021-33

中国国家版本馆 CIP 数据核字(2023)第 050818 号

策　　划　刘小莉
责任编辑　刘小莉
出版发行　西安电子科技大学出版社(西安市太白南路 2 号)
电　　话　(029) 88202421　88201467　　　邮　　编　710071
网　　址　www.xduph.com　　　　　　　电子邮箱　xdupfxb001@163.com
经　　销　新华书店
印刷单位　广东虎彩云印刷有限公司
版　　次　2023 年 5 月第 1 版　2024 年 9 月第 2 次印刷
开　　本　787 毫米×1092 毫米　1/16　印张 14
字　　数　322 千字
定　　价　38.00 元
ISBN　978–7–5606–6847–5
XDUP 7149001–2
*****如有印装问题可调换*****

前　言

2022 年 2 月，电子科技大学漆强老师出版了《嵌入式系统设计——基于 STM32CubeMX 与 HAL 库》(以下简称"原教材"，由高等教育出版社出版)一书，选用业界先进的开发工具 STM32CubeMX 及硬件抽象库(HAL)进行嵌入式系统开发，并在中国大学慕课平台上线了慕课。该慕课被多所高校选用，取得了良好的教学效果。

"嵌入式系统"是电子信息类专业的基础课，一般除了理论课之外，还有课内实验，或者有独立设置的"嵌入式系统实验"课程。合理的实验设计可以培养学生的动手能力和创新能力，加深其对理论知识的理解。

本书作者在 2022 年上半年"嵌入式系统实验"课程的教学过程中编写了本书初稿。本书初稿在西安邮电大学等高校与原教材配套试用，取得了良好的教学效果，与其配套的部分实验视频发布到自媒体平台后，受到了广泛好评。现将本书初稿进行修订完善，正式出版，以供广大师生选用。

1. 本书主要内容

本书内容分为两部分，共 9 个实验，各实验内容循序渐进，逐步深入。

(1) 第一部分为基础实验，包括实验一～六，与原教材同步配套，分别是 STM32 微控制器开发环境的搭建、通用输入/输出口(GPIO)的应用、外部中断、定时器、串口通信、FreeRTOS。该部分内容涵盖原教材绝大部分基础实验，并做了大量综合应用方面的拓展。

以实验二为例，一共有 15 个具体实验。实验 EX2_1～EX2_6 与原教材内容配套；实验 EX2_7～EX2_10 在原教材的基础上增加了使用 BSP 方式驱动 OLED、LED 指示灯、按键和蜂鸣器的内容，是对原教材内容的深化；EX2_11～EX2_13 扩展了数码管驱动实验，并以数码管为例，讲解了 BSP 驱动程序设计方法，是对原教材内容的补充；EX2_14～EX2_15 扩展了 STM32F4 固件包中的 EEPROM 例程，综合运用多个知识点，设计了使用单片机自带的 EEPROM 记录开机次数的实验，培养了学生利用官方固件包例程进行学习的好习惯。

1

第一部分内容通过对原教材知识点的综合应用，配合详细的实验指导和讲解视频，使学生能够快速入门，大幅度降低了嵌入式系统学习的门槛。

(2) 第二部分是综合实验。这部分内容是对原有教材知识点的综合应用和补充，包括实验七、八、九。

实验七介绍了STM32F4单片机的ADC，设计了单通道数据采集、多通道数据同步采集、DMA模式进行高速数据采集等综合实验。

实验八介绍了ARM公司的CMSIS-DSP库的主要内容，及其在ST单片机上移植和应用的方法，并以STM32F4固件库中的FFT例程为例，结合前7个实验的OLED、串口、定时器、中断、ADC等知识，设计了基于ADC和CMSIS-DSP库的数字频率计。

实验九是一个综合实验，在前8个实验的基础上，设计了一个点光源追踪系统。该实验的设计思路来自2010年陕西省大学生电子设计竞赛C题"坦克打靶"。该实验也可以作为电子设计竞赛的入门培训题目。

第二部分内容通过对多种知识的综合应用，设计了多个综合性实验，有助于加深学生对嵌入式知识的理解，达到融会贯通和举一反三的效果。

2. 本书特色

(1) 开发方式与工业界接轨。本书以产业界主流的微控制器STM32F4为硬件平台，按照"开发工具使用→片内外设应用→实时操作系统(FreeRTOS)→综合系统设计"的路径，使用STM32CubeMX软件，利用图形化界面完成芯片的配置，并配合MDK-ARM等集成开发环境，直接生成应用程序的基本框架，使设计者可以专注于应用层代码的编写。

本书采用HAL库函数的程序开发方式，用户不需要对芯片底层的寄存器作过多了解，只需要掌握HAL库提供的接口函数就可以完成应用程序的编写，提高了嵌入式系统的开发效率。

(2) 本书的自学门槛低，实验设计循序渐进，课程配套资料丰富，大幅度降低了自学门槛。

本书通过62个具体实验，分层次、递进式地介绍嵌入式系统的设计方法。内容丰富实用，层次清晰，叙述详尽。随书提供完整的工程源代码、电路图。每个实验提供详细的讲解视频，并在 B 站等 App 上发布，和原教材、慕课配合使用，真正做到了零门槛学习嵌入式系统。本实验课程同样也在中国大学慕课平台上线，方便广大师生教学和自学。

(3) 培养初学者的基本学习能力。本书旨在培养学生从官方渠道获取最新设计资料的能力和习惯。本书的实验都是基于开源的意法半导体公司的 Nucleo 系列开发板和自行设计的 Arduino 开源扩展板，实验所需设计软件、电路图、PCB、器件清单、固件包、芯片和软件数据手册等全部参考资料，都可以从 ST 等官方网站下载。作者在实验中会列举需要用到的参考资料，选用最新的在线电子文档和例程，并明确指出参考资料的来源，指导学生获取最新设计资料。

本书培养学生通过 ST 官方固件包进行学习和扩展的能力。ST 官方固件包包含大量规范的例程，如 EX1_4 中学习 F4 固件包中基于 HAL 库的 GPIO_IOToggle 例程，EX1_5 中学习 F4 固件包中基于 LL 库的 LED 闪烁例程，EX2_14 中学习 F4 固件包中的 EEPROM 例程，EX8_1 中学习 STM32F4 固件包中的 arm_fft_bin_example 例程等。本书还介绍了其他附件包中的其他例程，读者可根据实验要求进行移植、综合和扩展。

(4) 预留创新空间。本书每个实验都提供了多道实验作业题，这些实验作业题是对本实验内容的综合应用和扩展创新，部分实验还提供多道思考题，留给学生充分的思考和实践创新的空间。学生需要通过自主思考完成实验作业题和思考题，达到融会贯通、举一反三的效果。

3. 本书面向的对象和使用方法

本书的前 7 个实验可供 32 学时"嵌入式系统实验"或"电子系统实验"等基础实验课程选用，参考中国大学慕课平台严学文主讲的"嵌入式系统设计实验"课程。实验八、九可供"专业课程设计""光电系统设计""毕业设计"等综合设计课程选用，参考中国大学慕课平台严学文主讲的"光电系统设计"课程。

本书可作为高等院校电子信息类专业学生学习单片机、嵌入式系统、电子系统设计等实验课程的入门教材，也可以供全国大学生电子设计竞赛参与者、嵌入式系统爱好者、从事嵌入式应用的工程技术人员参考。

4. 开发板和资料的获取方式

本书使用的开发板为 ST 官方的 STM32F411RE-Nucleo 和作者设计的基础实验扩

展板，均可在电商平台直接购买。

每个实验均配套详细讲解视频，部分已经发布在 B 站等 App 上，读者可以搜索"西邮严老师"查看。

读者可加入学习 qq 群(群号：1043337945)获取详细的电路图、讲解视频和源代码等设计资料，并交流学习经验。

高校教师可以直接联系作者，获取实验作业题答案、大纲、教案等教学参考资料，邮箱地址：yanxuewen@xupt.edu.cn。

本书所用的部分原理图来自 ST 公司开源的 Nucleo-F411RE 开发板的电路文件(文档编号 MB1136.pdf)。这些原理图采用 Altium Designer 设计，部分元器件电气符号与最新国标不一致，请读者留意。

本书由两位作者合作完成：漆强老师参与了全书的策划，设计了实验扩展板的部分电路、部分器件的 BSP 驱动程序以及部分实验；严学文老师负责全书的编写工作。意法半导体公司提供了开发套件，在此特别感谢该公司丁晓磊、Nicole H.E.等不遗余力的支持。西安邮电大学电子工程学院肖子晗、王国龙、韩滨滨、赵雨晨、舒柯等同学对本书的实验验证、书稿校对也做出了积极贡献，在此一并感谢。

作 者

2023 年 1 月

目　　录

基 础 实 验

实验一　STM32 微控制器开发环境的搭建 2

一、实验目的 2

二、实验内容 2

三、实验所需器材和软件 2

四、具体实验 2

　　EX1_1　编辑操作系统环境变量 2

　　EX1_2　安装 MDK-KEIL 及 F4 支持包 3

　　EX1_3　安装 STM32CubeMX、STM32F4 固件包、st-link 4

　　EX1_4　学习 F4 固件包中基于 HAL 库的 GPIO_IOToggle 例程 5

　　EX1_5　学习 F4 固件包中基于 LL 库的 LED 闪烁例程 8

　　EX1_6　使用 STMCubeMX 生成 MDK-KEIL 工程 9

五、实验总结 10

六、实验作业 10

实验二　通用输入/输出口(GPIO)的应用 12

一、实验目的 12

二、实验内容 12

三、具体实验 12

　　EX2_1　使用 ODR 寄存器实现 LED 灯的闪烁并单步执行 12

　　EX2_2　使用 BSRR 寄存器实现 LED 灯的闪烁 15

　　EX2_3　使用 HAL_GPIO_WritePin()实现 LED 灯的闪烁 17

　　EX2_4　使用按键控制 LED 指示灯的亮灭 21

　　EX2_5　使用 4 个按键控制 4 个 LED 的亮灭 23

　　EX2_6　使用 BSP 方式驱动 LED 闪烁 26

　　EX2_7　使用 BSP 方式驱动蜂鸣器、按键和 LED 指示灯 29

    EX2_8   使用 BSP 方式在 OLED 上显示字符串常量 33

    EX2_9   使用 BSP 方式在 OLED 上显示浮点型变量 37

    EX2_10   使用 BSP 方式在 OLED 上显示温度传感器值 38

    EX2_11   使用 GPIO 直接驱动四位数码管 41

    EX2_12   设计数码管的 BSP 驱动程序并调用 44

    EX2_13   使用 BSP 方式驱动数码管实现 24 秒倒计时 49

    EX2_14   学习 F4 固件包中的 EEPROM 例程 50

    EX2_15   使用 EEPROM 记录开机次数并在数码管上显示 51

  四、实验总结 53

  五、实验作业 53

实验三　外部中断 55

  一、实验目的 55

  二、实验内容 55

  三、具体实验 55

    EX3_1   使用外部中断控制 LED 的亮灭 55

    EX3_2   使用外部中断控制 LED 的闪烁速度 57

    EX3_3   使用外部按键中断主函数 while()循环 59

    EX3_4   使用多个外部中断控制多个 LED 的亮灭 61

    EX3_5   多个中断嵌套实验 63

  四、实验总结 66

  五、实验作业 66

实验四　定时器 67

  一、实验目的 67

  二、实验内容 67

  三、具体实验 67

    EX4_1   使用定时器中断实现 LD2 闪烁(频率为 2 Hz) 67

    EX4_2   学习 F4 固件包中的串口通信例程 71

    EX4_3   使用 STM32CubeMX 新建工程实现串口通信 73

    EX4_4   定时器实现外部脉冲计数并通过串口输出 76

    EX4_5   定时器外部脉冲计数并在 OLED 上显示 79

    EX4_6   单片机输出 PWM 信号 83

    EX4_7　控制 PWM 占空比实现呼吸灯效果 85

    EX4_8　使用定时器捕获功能实现脉冲信号频率测量 87

    EX4_9　使用定时器输入捕获法设计频率计 94

    EX4_10　使用定时器外部脉冲计数法设计频率计 95

  四、实验总结 99

  五、实验作业 99

实验五　串口通信 101

  一、实验目的 101

  二、实验内容 101

  三、具体实验 101

    EX5_1　使用串口实现固定长度的数据的收发 101

    EX5_2　使用 printf 实现串口重定向 104

    EX5_3　使用中断方式和通信协议实现串口的收发 107

    EX5_4　使用 OLED 显示串口收到的数据 111

    EX5_5　使用 DMA 方式实现不定长数据的接收 113

  四、实验总结 113

  五、实验作业 114

实验六　FreeRTOS 115

  一、实验目的 115

  二、实验内容 115

  三、具体实验 115

    EX6_1　实现串口通信和 LD2 闪烁 115

    EX6_2　二值信号量 120

    EX6_3　计数信号量 123

    EX6_4　事件标志组 126

    EX6_5　线程标志 130

    EX6_6　使用 FreeRTOS 互斥量实现多任务调用同一个串口 133

  四、实验总结 135

  五、实验作业 136

综 合 实 验

实验七　ADC 138

  一、实验目的 138

  二、实验内容 138

  三、实验相关知识 138

  四、具体实验 148

    EX7_1　使用 ADC 实现电位器电压单次采集 148

    EX7_2　ADC、串口、OLED 综合应用 153

    EX7_3　以 1 kHz 采样率采集方波信号并通过串口输出 156

    EX7_4　使用 DMA 和定时器触发 A/D 转换实现 100 kHz 采样率 160

    EX7_5　使用 DMA 方式实现 2.4 MHz 最高采样率 165

    EX7_6　使用轮询方式实现双通道准同步采样 169

  五、实验总结 171

  六、实验作业 172

实验八　综合设计 1——基于 ADC 和 CMSIS-DSP 库的数字频率计 173

  一、实验目的 173

  二、实验内容 173

  三、实验相关知识 173

  四、具体实验 178

    EX8_1　学习 STM32F4 固件包中的 arm_fft_bin_example 例程 178

    EX8_2　使用 CMSIS-DSP 库 FFT 计算信号频率 181

  五、实验总结 185

  六、实验作业 185

实验九　综合设计 2——点光源追踪系统 186

  一、实验目的 186

  二、实验内容 186

  三、实验相关知识 186

  四、具体实验 192

    EX9_1　点光源追踪系统光电传感与检测板电路设计与生产 192

    EX9_2　点光源追踪程序 1——PWM 输出和舵机驱动 195

　　　EX9_3　点光源追踪系统焊接调试 198

　　　EX9_4　点光源追踪程序2——手动追踪程序设计 199

　　　EX9_5　点光源追踪程序3——基于双通道电压差的自动追踪 200

　　　EX9_6　点光源追踪程序4——基于PID算法的自动追踪 205

　　　EX9_7　点光源追踪程序5——系统优化和扩展实验 208

　五、实验总结 208

　六、实验作业 209

附录　2010年TI杯陕西省大学生电子设计竞赛试题 210

参考文献 212

基础实验

实验一　STM32 微控制器开发环境的搭建

一、实验目的

(1) 安装 STM32CubeMX、MDK-KEIL 软件以及 STM32Cube_FW_F4 固件包，完成开发环境搭建，实现程序编写、编译和下载。

(2) 通过查阅 STM32F411 芯片、STM32CubeMX、MDK 软件的数据手册，学习 STM32Cube_FW_F4 固件包中的示例程序，了解 HAL 库和 LL 库的区别，初步了解本课程的学习方法。

二、实验内容

(1) 安装 STM32 开发环境，实现程序的编写、编译、下载。

(2) 学习 STM32Cube_FW_F4 固件包例程，分别使用 HAL 库和 LL 库实现 LED 闪烁，分析两种方式的区别。

(3) 编写多个 LED 闪烁程序，下载查看效果。

三、实验所需器材和软件

(1) STM32F411RE-Nucleo 开发板、基础实验扩展板。

(2) STM32CubeMX6.40、MDK-KEIL5.28、jre901win64、st-link、STM32Cube_FW_F4_ V1.26.0 固件包(F4 固件包)以及 Keil.STM32F4xx_DFP.2.13.0 支持包(即 F4 支持包)。

四、具体实验

 EX1_1　编辑操作系统环境变量

很多 EDA 软件不支持中文路径，导致文件存取失败、软件崩溃或其他未知错误。为预防这种情况，最好在安装软件之前修改系统环境变量，确保软件的所有默认路径为英文。以后在新建、编辑任何工程文件的时候，请注意不要用中文文件名或者路径(包括中文标点符号)。

第一步：打开 Windows 搜索窗口，搜索环境变量，如图 1-1 所示。

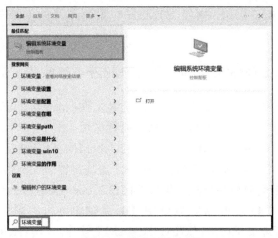

图 1-1 搜索环境变量

第二步：在弹出的窗口中单击环境变量选项，在"环境变量"窗口中，通过"编辑"选项，修改"Path""TEMP""TMP"等环境变量对应的路径，如图 1-2 所示。注意路径不要使用中文及空格。很多 EDA 软件的安装包和工程文件动辄几十 GB，所以设置环境变量时应注意最好不要把工程文件等放在 C 盘(除非 C 盘足够大)。

图 1-2 修改环境变量

EX1_2 安装 MDK-KEIL 及 F4 支持包

第一步：首先在官网(https://www2.keil.com/mdk5/)下载 MDK-KEIL 及 F4 支持包 Keil.STM32F4xx_DFP.2.13.0，解压缩"Keil.MDK.ARM.5.28a.zip"到文件夹。注意，不要在压缩文件中直接点击安装。

第二步：在解压缩后的文件中，选中 MDK582a.exe 文件，以管理员身份运行安装。注意选择非中文路径，尽量不要安装在 C 盘。

第三步：根据提示步骤安装即可。该软件不是免费软件，如需正常使用请购买正版软件，输入激活码。

第四步：双击 MDK-KEIL 软件 STM32F4 系列芯片的支持包"Keil.STM32F4xx_DFP.2.13.0"。

 EX1_3　安装 STM32CubeMX、STM32F4 固件包、st-link

第一步：在谷歌官网下载 Java 开发环境的安装文件"jre-9.0.1_windows-x64_bin.exe"，使用管理员身份进行安装，安装过程使用默认设置即可。

第二步：在官网(www.st.com)下载 STM32CubeMX 的安装文件"en.stm32cubemx-win_v6-2-0.rar"，解压缩并以管理员身份运行 exe 安装文件。安装路径尽量不要在 C 盘，不要用中文路径。安装完成后会在桌面生成 STM32CubeMX 软件的快捷方式图标。

第三步：安装 STM32CubeMX 软件中 F4 系列单片机的固件包"en.stm32cubef4_v1-26-0_v1.26.0"。以管理员身份运行 STM32CubeMX 软件，点击"Help"选项，选择"Manage embedded software packages"选项，如图 1-3 所示。

图 1-3　安装 STM32F4 固件包

在固件包安装界面中找到 STM32F4，展开选项并选择 1.26.0 版本，在左下角点击"From Local"从本地安装选项，如图 1-4 所示。

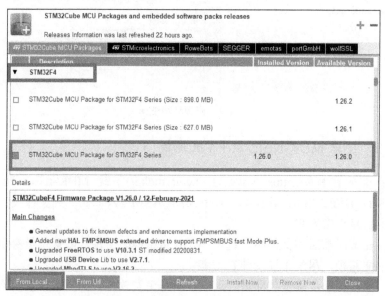

图 1-4　从本地安装 STM32F4 固件包 1

在本地附带的资料文件夹中找到"en.stm32cubef4_v1-26-0_v1.26.0.zip"文件，点击"打开"即可完成安装，如图 1-5 所示。

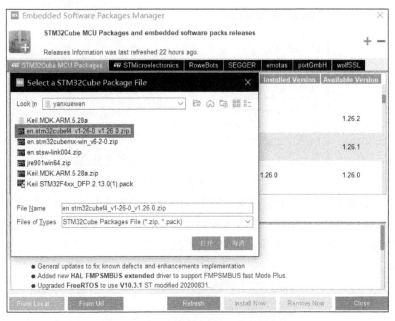

图 1-5　从本地安装 STM32F4 固件包 2

读者也可以联网选择在线安装或者升级最新版本的固件包。

第四步：安装 st-link 软件。在官网(www.st.com)下载安装文件"en.stsw-link004.zip"，解压缩，以管理员身份运行 exe 安装文件。安装路径尽量不要放在 C 盘，不要用中文路径。该软件带有 st-link usb 下载器的驱动程序，也可以用于 st 单片机及外扩 Flash(如果电路板上有的话)的程序烧写。

 EX1_4　学习 F4 固件包中基于 HAL 库的 GPIO_IOToggle 例程

第一步：查找固件包安装路径。打开 STM32CubeMX 软件，在"Help"选项中点击"Update Settings"选项，如图 1-6 所示。

图 1-6　选择"Update Settings"选项

在弹出的窗口中可以查看固件包的安装路径，如图 1-7 所示。

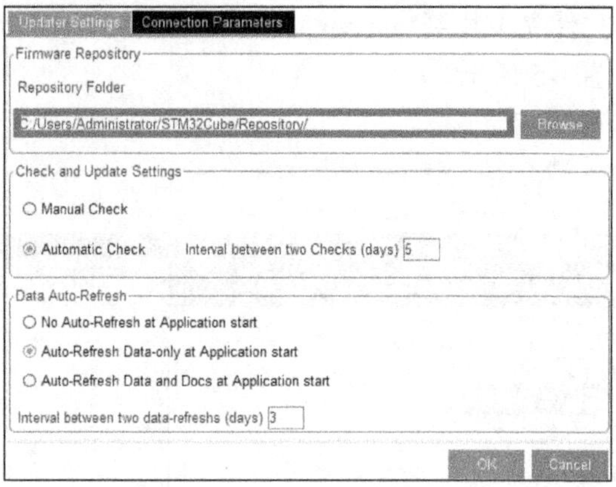

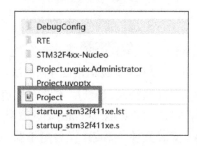

图 1-7　查找固件包安装路径

第二步：根据固件包路径打开"STM32Cube_FW_F4_V1.26.0"文件夹。打开
"../Projects/STM32F411RE-Nucleo/Examples/GPIO/GPIO_IOToggle/MDK-ARM"工程文件
夹，选择"Project"，如图 1-8 所示，打开工程文件。

图 1-8　打开 Project 工程文件

第三步：使用 micro-usb 电缆连接电脑和开发板，在 MDK-KEIL 主界面中点击工程设
置图标，在弹出的工程配置窗口中，选择"Debug"标签页。在该标签页中点击"Settings"，
在弹出的窗口中点击"Flash Download"项，将 Program、Verify、Reset and Run 选项都选
中，如图 1-9 所示。

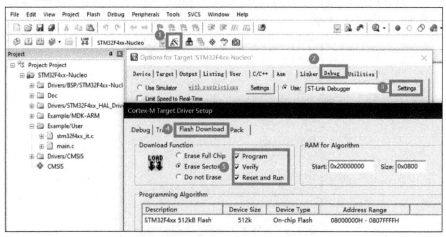

图 1-9　MDK 工程下载配置

第四步：在 MDK-KEIL 主界面中点击"编译"图标，编译完成之后点击"下载"，即可将程序下载到开发板，如图 1-10 所示。

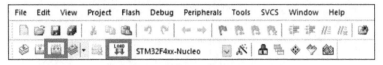

图 1-10　程序编译及下载

下载完成后，可以看到开发板上绿色的 LED 灯闪烁，表明程序下载成功。如果没有反应，可按下开发板上黑色按键尝试复位运行。

回到 MDK-KEIL 软件，可以查看"main.c"函数中 GPIO 的相关配置，主函数在"while"循环中，通过管脚电平翻转函数"HAL_GPIO_TogglePin()"以及"HAL_Delay()"延时函数实现 LED 灯的闪烁，如图 1-11 所示。

```
49   int main(void)
50   {
51     /* STM32F4xx HAL library initialization:
52        - Configure the Flash prefetch, instruction and Data caches
53        - Configure the Systick to generate an interrupt each 1 msec
54        - Set NVIC Group Priority to 4
55        - Global MSP (MCU Support Package) initialization
56     */
57     HAL_Init();//硬件抽象层初始化
58
59     /* Configure the system clock to 100 MHz */
60     SystemClock_Config();//时钟初始化
61
62     /*##-1- Enable GPIOA Clock (to be able to program the configuration registers) */
63     __HAL_RCC_GPIOA_CLK_ENABLE();//PA端口时钟使能
64
65     /*##-2- Configure PA05 IO in output push-pull mode to drive external LED ###*/
66     GPIO_InitStruct.Pin = GPIO_PIN_5;//PA5管脚
67     GPIO_InitStruct.Mode = GPIO_MODE_OUTPUT_PP;//推挽输出
68     GPIO_InitStruct.Pull = GPIO_PULLUP;//默认拉高
69     GPIO_InitStruct.Speed = GPIO_SPEED_FAST;//高速模式
70     HAL_GPIO_Init(GPIOA, &GPIO_InitStruct);//PA5管脚初始化
71
72     /*##-3- Toggle PA05 IO in an infinite loop ###########################*/
73     while (1)
74     {
75       HAL_GPIO_TogglePin(GPIOA, GPIO_PIN_5);//翻转PA5管脚
76
77       /* Insert a 100ms delay */
78       HAL_Delay(100);//延时100ms
79     }
80   }
```

图 1-11　基于 HAL 库的 LED 闪烁例程代码

第五步：在官网(www.st.com)搜索开发板型号"NUCLEO-F411RE"，下载开发板的电路文件"en.mb1136_bdp.zip"，如图 1-12 所示。解压缩后可以找到该开发板的 Altium Designer 格式的原理图、PCB 设计文件。如图 1-13 所示。同样的方法也可以下载器件清单和其他生产文件。

NUCLEO-F411RE ACTIVE   Save to MyST

STM32 Nucleo-64 development board with
STM32F411RE MCU, supports Arduino and ST morpho
connectivity

[Download databrief]   [Order Direct]

Overview   Sample & Buy   Documentation   CAD Resources   Tools & Software   Quality & Reliability

All resources

Expand all categories

	Resource title		Version	Latest update

Board Manufacturing Specifications (2)				
	MB1136 Board design project files		1.0	23 Aug 2023
	MB1136 Manufacturing files		2.0	23 Aug 2022

图 1-12　在官网下载"NUCLEO-F411RE"开发板的电路设计文件

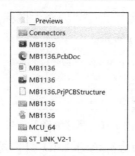

图 1-13　解压缩开发板电路的设计文件

第六步：打开"MB1136.pdf"，查看开发板原理图。如图 1-14 所示，LD2 指示灯的阳极连接到 PA5 管脚，阴极接地，因此当 PA5 管脚输出高电平时，LD2 指示灯亮；当 PA5 管脚输出低电平时，LD2 指示灯灭。

图 1-14　开发板中 LD2 电路图

📖 EX1_5　学习 F4 固件包中基于 LL 库的 LED 闪烁例程

第一步：在 F4 固件包路径中，打开"../STM32Cube_FW_F4_V1.26.0/Projects/STM32F411RE-Nucleo/Examples_LL/GPIO/GPIO_InfiniteLEDToggling_Init/MDK-ARM"，双击打开"Project"工程。

第二步：打开"main.c"文件，对比实验 EX1_4 中基于 HAL 库的程序，添加注释，如图 1-15 所示。

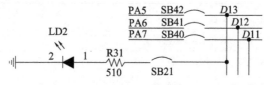

```
40  void      SystemClock_Config(void);//配置时钟
41  void      Configure_GPIO(void);//配置GPIO管脚，PA5
42
43  /* Private functions --------------------------------------------
44
45  /**
46    * @brief  Main program
47    * @param  None
48    * @retval None
49    */
50  int main(void)
51  {
52    /* Configure the system clock to 100 MHz */
53    SystemClock_Config();//配置时钟
54
55    /* -2- Configure IO in output push-pull mode to drive external LED */
56    Configure_GPIO();//配置PA5管脚
57
58    /* Toggle IO in an infinite loop */
59    while (1)
60    {
61      LL_GPIO_TogglePin(LED2_GPIO_PORT, LED2_PIN);//PA5管脚电平翻转
62
63      /* Insert delay 250 ms */
64      LL_mDelay(200);
65    }
66  }
67
```

图 1-15　LL 库的 LED 闪烁例程

第三步：将程序下载到开发板中，可以观察到 LD2 指示灯的闪烁。读者可以通过修改"LL_mDelay()"函数的参数，改变延时时间，从而改变 LD2 指示灯闪烁的频率。

该例程使用 LL 库，实现了和上一个程序同样的功能(基于 HAL 库)。读者可以分析源代码，参考原教材，体验两种库各自的优缺点。

EX1_6　使用 STMCubeMX 生成 MDK-KEIL 工程

对照配套教材第四章 4.1 节、4.2 节内容，使用 STM32CubeMX 配置芯片管脚、时钟，生成 MDK-KEIL 工程。使用 HAL 库中的管脚电平控制函数和延时函数，实现 LED 闪烁。

第一步：使用 STM32CubeMX 初始化配置。

(1) 打开 STM32CubeMX，新建工程，在"Board Selector"选项中选择"NUCLEO-F411RE"开发板，选择默认配置，如图 1-16 所示。

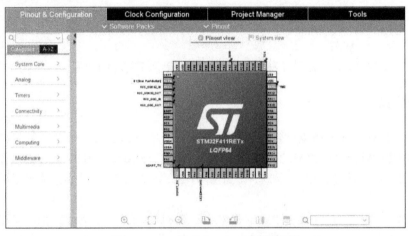

图 1-16　STM32CubeMX 配置界面

(2) 打开"Project Manager"菜单选项，命名工程为"LedTogglePin"；选取工程路径，(注意不可包含中文及空格)。在"Toolchain/IDE"中选取开发工具为"MDK-ARM"，选择所安装的固件包版本。点击"GENERATE CODE"生成工程代码，如图 1-17 所示。

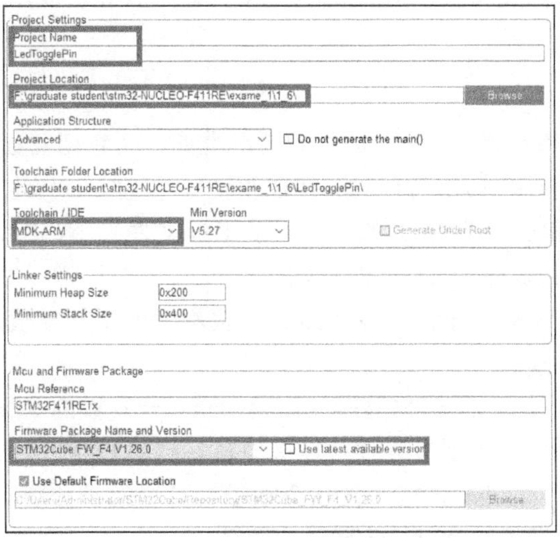

图 1-17　工程相关配置界面

第二步：编写应用程序。打开 MDK 工程文件，参考实验 EX1_4，在"main.c"文件的"while"循环中，添加代码，如图 1-18 所示。

```
97    while (1)
98    {
99      /* USER CODE END WHILE */
100     /* USER CODE BEGIN 3 */
101
102     HAL_GPIO_TogglePin(GPIOA,GPIO_PIN_5);
103     HAL_Delay(200);
104
105
106   }
107     /* USER CODE END 3 */
108  }
```

图 1-18　LED 闪烁代码

编译工程，将程序下载到开发板，观察 LD2 指示灯闪烁的效果。

五、实验总结

(1) 本实验完成开发环境搭建，实现程序编写、编译和下载。

(2) 本实验通过查阅 STM32F411 芯片、STM32CubeMX、MDK 软件的数据手册，以及学习 STM32F4 固件包中的示例程序，了解 HAL 库和 LL 库的区别，初步了解本课程学习方法。

(3) 本实验介绍了从官方渠道获取最新设计资料的方法。本书实验都是基于开源的意法半导体公司的 Nucleo 系列开发板和自行设计的 Arduino 开源扩展板，实验所需设计软件、电路图、PCB、器件清单、开发例程固件包、芯片和软件数据手册等全部参考资料，都可以从 ST 等官方网站下载。

(4) 本实验介绍了通过 ST 官方固件包例程进行学习的方法。ST 官方固件包含有大量规范的例程，读者可根据实验要求进行自学、移植、综合和扩展。

六、实验作业

(1) HAL 库与 LL 库都是 ST 公司提供的新标准库，两者相互独立，只不过 LL 库更底层，而且部分 HAL 库会调用 LL 库(例如 USB 驱动)。同样 LL 库也会调用 HAL 库。

分析实验 EX4_1 和实验 EX4_2 的内容，从工程文件大小、编译速度、生成的 hex 文件大小等方面，体会 HAL 库和 LL 库的区别。

(2) 使用浏览器，在 ST 官网(www.st.com)下载本书所用开发板的原理图、PCB、器件清单和其他生产文件并查看。

使用 Altium Designer 查看 STM32F411RE-Nucleo 开发板的 PCB 工程，该 PCB 是几层板？开发板上有几个单片机？型号分别是什么？各有什么作用？另外，开发板和扩展板采用的是标准 Arduino 接口标准，该接口含几个端子？各个端子分别有几个管脚？图 1-19 所示为 Nucleo-F411RE 开发板的 Arduino 接口电路图。

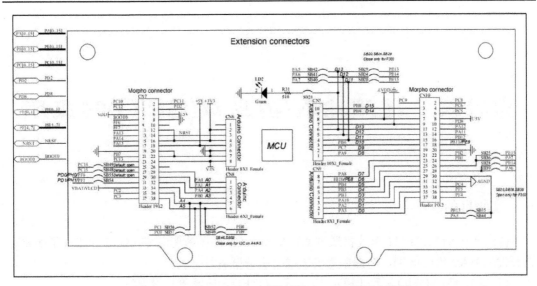

图 1-19　Nucleo-F411RE 开发板的 Arduino 接口电路图

和扩展板的接口电路进行比对，理解 Arduino 接口标准。扩展板的 Arduino 接口电路图如图 1-20 所示。

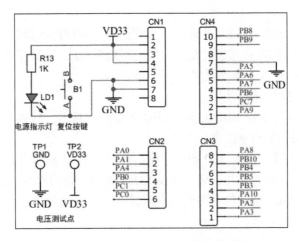

图 1-20　扩展板的 Arduino 接口电路图

(3) 在官网(www.st.com)下载编号为"um1724.pdf"的文档，这是 STM32 Nucleo-64 boards 开发板的读者手册，查看文档说明，了解 Nucleo-64 开发板的各个模块功能。没有 ST 账号的读者需要注册一个账号。

实验二　通用输入/输出口(GPIO)的应用

一、实验目的

(1) 学习 STM32F411 单片机通过寄存器和 HAL 库函数驱动 GPIO 的方法，了解寄存器开发和 HAL 库的区别，掌握单片机在线单步调试方法。

(2) 掌握使用 GPIO 驱动 LED、数码管、OLED、按键等外设方法。

(3) 掌握 BSP 驱动包设计原理和使用方法。

二、实验内容

(1) 使用寄存器方式驱动 LED 指示灯，实现闪烁，并使用单步运行调试方法，查看程序运行过程中，PA5 管脚寄存器值的变化，以及对应的 LED 指示灯亮灭关系。

(2) 学习蜂鸣器电路以及驱动程序。

(3) 学习按键电路以及驱动程序。

(4) 使用厂家提供的 BSP 驱动包驱动 LED 指示灯、按键、蜂鸣器、OLED、LM75 温度传感器，并了解 BSP 驱动包的设计方法。

(5) 学习数码管电路，设计 BSP 驱动程序，并使用 BSP 驱动包来实现数码管显示。

(6) 学习 STM32F4 固件包中自带的 EEPROM 例程，使用单片机自带的 FLASH 的部分空间，模拟 EEPROM，存储部分参数，实现掉电不丢失的效果。

三、具体实验

 EX2_1　使用 ODR 寄存器实现 LED 灯的闪烁并单步执行

通过设置 ODR 寄存器来实现 LED 闪烁，使用单步调试方法，查看 ODR 寄存器的值与 LED 指示灯亮灭的对应关系。

第一步：使用 STM32CubeMX 软件生成工程。

(1) 打开 STM32CubeMX 软件，新建工程，在 " Board Selector " 菜单中选择 "NUCLEO-F411RE" 开发板，按照开发板默认配置初始化外设，生成工程，此时该工程已经默认将 LD2 的管脚配置成推挽输出，并已配置好时钟和串口。

(2) 在 "Project Manager" 菜单中，命名工程为 "LEDTogglePin"，选取工程路径(注意不可包含中文及空格)，在 "Toolchain/IDE" 选项中选取开发工具为 "MDK-ARM"，选取已安装的固件包版本，点击"GENERATE CODE"选项，产生工程代码。

第二步：编写应用程序。

(1) 打开生成的 MDK-KEIL 工程文件，在"main.c"文件的 while 循环中，编写应用程序代码，如图 2-1 所示。

```
97    while (1)
98    {
99        /* USER CODE END WHILE */
100       /* USER CODE BEGIN 3 */
101
102       GPIOA->ODR|=1<<5;//pa5管脚置为1, led亮
103       HAL_Delay(200);//延时200ms
104       GPIOA->ODR&=~(1<<5);//pa5管脚置0, led灭
105       HAL_Delay(200);//延时200ms
106
107       /* USER CODE BEGIN 3 */
108   }
```

图 2-1　使用 ODR 寄存器控制 LED

程序解析：

① 第 102 行采用按位或操作，设置 bit5 为 1，PA5 输出高电平，LED 指示灯亮。使用位操作可以单独对指定的位进行置 1 或清零操作。移位操作提高代码的可读性和可移植性。

② 第 104 行采用按位与操作，设置 bit5 为 0，PA5 输出高电平，LED 指示灯灭。

(2) 编译程序下载到开发板。读者可以观察到 LD2 的闪烁情况，还可通过更改 HAL_Delay()延时函数的参数来改变 LD2 的闪烁频率。

特别注意：读者添加的代码放置在"USER CODE BEGIN"和"USER CODE END"之间，这样万一要使用 STM32CubeMX 重新生成代码时，这部分代码也不会被抹掉。

第三步：调试程序。

(1) 点击调试按钮进入调试模式(DEBUG)，如图 2-2 所示。

(2) 在 102 至 105 行双击设置断点。

(3) 点击 step over 单步运行程序至 102 行，如图 2-2 所示。

图 2-2　单步运行调试图

(4) 将 GPIOA→ODR 寄存器加入观察窗口，以便观察程序运行过程中 ODR 寄存器中值的改变，如图 2-3 所示。

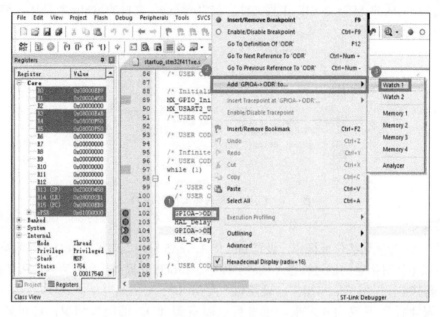

图 2-3　添加 GPIOA→ODR 至观察窗口

(5) 继续点击"step over"单步运行，当程序运行到 103 行(已执行 102 行 ODR 寄存器按位或操作)时，观察 ODR 寄存器的值为 0x00000020，如图 2-4 所示。0x20 的二进制数为00100000，即 bit5 为 1，PA5 输出高电平，表现为 LD2 指示灯亮。

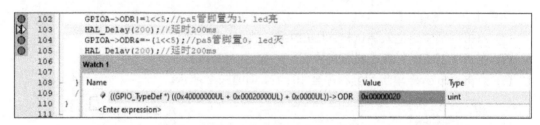

图 2-4　查看 ODR 寄存器值 1

当程序运行到 105 行(已执行 104 行 ODR 寄存器按位或操作)时，观察 ODR 寄存器的值为 0x0000000，如图 2-5 所示。即清零 ODR 寄存器，设置 bit5 为 0，PA5 输出低电平，LD2 指示灯灭。

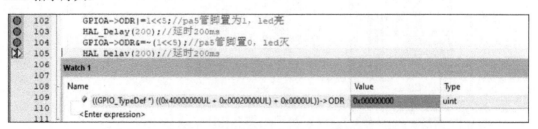

图 2-5　查看 ODR 寄存器值 2

第四步：注释掉寄存器相关程序，使用实验 EX1_6 中的硬件抽象层函数，实现 LED 的闪烁，单步调试程序，观察过程中 ODR 寄存器值的变化，可发现每执行一次"HAL_GPIO_TogglePin"函数，ODR 寄存器的值改变一次，如图 2-6 所示。

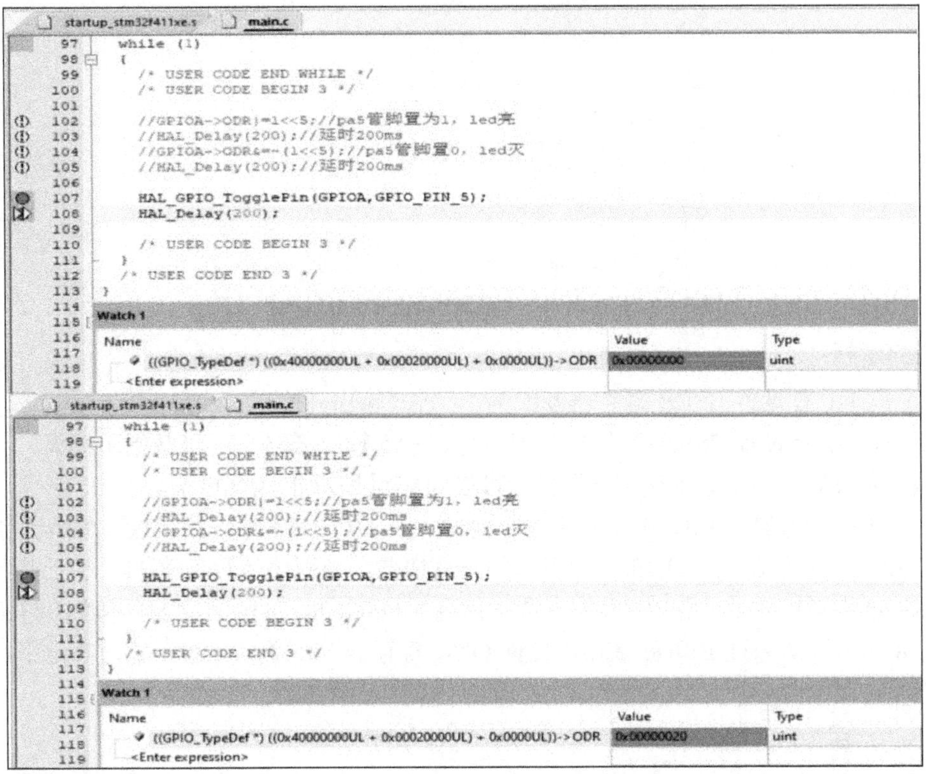

图 2-6　查看 ODR 寄存器

读者可以同时观察开发板 LD2 指示灯的亮灭情况，当 ODR 寄存器值为 0x00000020 时，LD2 指示灯亮；当 ODR 寄存器值为 0x00000000 时，LD2 指示灯灭。结合第三步调试过程，可以得出结论，硬件抽象层函数"HAL_GPIO_TogglePin"实质上就是通过改变 ODR 寄存器的值实现管脚电平的翻转。读者也可以直接定位到"HAL_GPIO_TogglePin"函数的原型，查看具体实现过程。

意法半导体公司提供的硬件抽象层函数实现了对寄存器操作的封装，读者不需要了解相关寄存器，直接使用 HAL 函数就可以实现相同的效果，增强了代码的可读性，也方便在使用不同单片机型号时，代码的复用和移植。

 EX2_2　使用 BSRR 寄存器实现 LED 灯的闪烁

打开实验 EX2_1 工程，修改源代码，不使用 ODR 寄存器，通过设置 BSRR 寄存器来实现 LED 指示灯闪烁，并使用单步调试方法，查看 BSRR 寄存器和 ODR 寄存器的值与 LED 指示灯亮灭的对应关系，体会两种寄存器设置的差异。

第一步：打开 EX2_1 的 MDK-KEIL 工程，注释掉 while 循环中已有的代码，重新编写本实验代码，如图 2-7 所示。

```
 97      while (1)
 98      {
 99        /* USER CODE END WHILE */
100        /* USER CODE BEGIN 3 */
101
102        //GPIOA->ODR|=1<<5;//pa5管脚置为1, led亮
103        //HAL_Delay(200);//延时200ms
104        //GPIOA->ODR&=~(1<<5);//pa5管脚置为0, led灭
105        //HAL_Delay(200);//延时200ms
106
107        //HAL_GPIO_TogglePin(GPIOA,GPIO_PIN_5);
108        //HAL_Delay(200);
109
110        GPIOA->BSRR=0x00000020;//pa5管脚置为1, led亮
111        HAL_Delay(200);
112        GPIOA->BSRR=0x00200000;//pa5管脚置为0, led灭
113        HAL_Delay(200);
114
115      }
116      /* USER CODE END 3 */
```

图 2-7　使用 BSRR 寄存器实现 LED 灯的闪烁代码

程序解析：

(1) 第 110 行设置 BSRR 寄存器 bit5 为 1，PA5 输出高电平，LD2 指示灯亮。

(2) 第 112 行设置 BSRR 寄存器 bit21 为 1，PA5 输出低电平，LD2 指示灯灭。

编译完成后，将程序下载到开发板，可以观察到 LD2 的闪烁情况。

第二步：参考实验 EX2_1 第四步进行调试，在 110～113 行设置断点，单步运行程序并观察 BSRR 寄存器以及 ODR 寄存器值的改变情况。当程序运行到第 111 行(已执行 110 行 BSRR 赋值操作)时，观察 BSRR 寄存器的值为 0x0000000，ODR 寄存器的值为 0x0000020，如图 2-8 所示，即通过 BSRR 寄存器设置 ODR 寄存器 bit5 为 1，PA5 输出高电平，LD2 指示灯亮。

图 2-8　查看 BSRR 寄存器 1

当程序运行到第 113 行(即已执行 112 行 BSRR 赋值操作)时，观察 BSRR 寄存器的值为 0x0000000，ODR 寄存器的值为 0x0000000，如图 2-9 所示，即通过 BSRR 寄存器设置 ODR 寄存器 bit5 为 0，PA5 输出低电平，LD2 指示灯灭。

图 2-9　查看 BSRR 寄存器 2

可以得出结论：BSRR 寄存器也是通过改变 ODR 寄存器的值来实现 PA5 管脚高低电平转换，从而实现 LD2 指示灯的亮灭。

读者可以结合原教材第五章和漆强老师的大学慕课理解寄存器的操作机制。

 EX2_3　使用 HAL_GPIO_WritePin()实现 LED 灯的闪烁

使用 STM32CubeMX，选择单片机型号，从头新建空白工程，不使用开发板默认配置。给 LD2 分配管脚(PA5)，生成 MDK-KEIL 代码，使用"HAL_GPIO_Write_Pin()"函数，编写 LED 闪烁的程序。

第一步：查看 LD2 电路。查阅开发板原理图"MB1136.pdf"，可以看到 LD2 的阳极接到 PA5 管脚，阴极接地，如图 2-10 所示。因此当 PA5 管脚输出高电平时，LD2 指示灯点亮；当 PA5 管脚输出低电平时，LD2 指示灯熄灭。

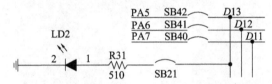

图 2-10　STM32F411RE-Nucleo 开发板原理图

第二步：使用 STM32CubeMX 软件配置管脚，生成工程代码。

(1) 打开 STM32CubeMX 软件，点击"File"新建工程；在"MCU/MPU Selector"芯片选择界面中，选择 STM32F4 系列，右边芯片型号下拉框选择"STM32F411RE"，点击"Start Project"开始工程，如图 2-11 所示。

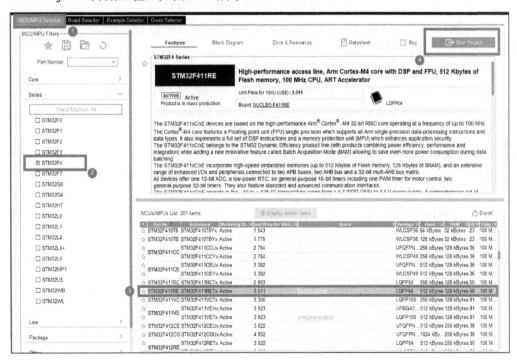

图 2-11　STM32CubeMX 芯片选择界面

本实验新建工程的时候，并没有选择官方开发板及其默认配置，而是直接选择芯片来新建空白工程，因此需要对 LD2 的管脚进行初始化。这是与实验 EX2_1 的区别。

(2) 配置 LD2 驱动管脚。找到 PA5 管脚，点击鼠标左键，在管脚分配窗口中选择功能为"GPIO_Output"，设置属性为推挽输出，确保该管脚可以输出比较大的电流，足够点亮 LD2 指示灯，如图 2-12 所示。

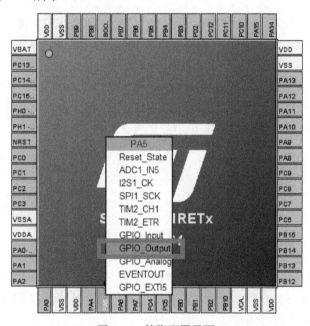

图 2-12 管脚配置界面

(3) 在软件"System Core"选项中选择"GPIO"，可以看到 PA5 管脚已经被分配为推挽输出，管脚参数采用默认配置。其中：

- GPIO output level(初始电平)：Low(低电平)。
- GPIO mode(工作模式)：Output Push Pull(推挽输出)。
- GPIO Pull-up/Pull-down(上拉/下拉电阻)：No pull-up and no pull-down(无上拉/下拉电阻)。
- Maximum output speed(输出速度)：Low(低速)。

读者可以在"User Label"中自定义管脚名称，本实验命名 PA5 管脚为 LD2，如图 2-13 所示。

PA5 Configuration :	
GPIO output level	Low
GPIO mode	Output Push Pull
GPIO Pull-up/Pull-down	No pull-up and no pull-down
Maximum output speed	Low
User Label	LD2

图 2-13 LD2 管脚参数配置

　　(4) 参考实验 EX2_1 中第二步相关设置，给工程命名为"LedHalWritePin"，选取工程路径，(注意不可包含中文及空格)。在"Toolchain/IDE"中选开发工具为"MDK-ARM"，选择已安装的固件包版本。点击"GENERATE CODE"生成工程代码。

　　第三步：打开 MDK-KEIL 工程文件，在"main.c"文件的 while 循环中，使用"HAL_GPIO_WritePin()"实现 LED 灯的闪烁。具体代码如程序清单 2-1 所示。

程序清单 2-1　采用 HAL 库函数控制指示灯

1.　while (1)
2.　{
3.　　　　HAL_GPIO_WritePin(GPIOA,GPIO_PIN_5,GPIO_PIN_SET);
4.　　　　HAL_Delay(200);
5.　　　　HAL_GPIO_WritePin(GPIOA,GPIO_PIN_5,GPIO_PIN_RESET);
6.　　　　HAL_Delay(200);
7.　}

程序解析：

　　第 3 行和第 4 行使用了"HAL_GPIO_WritePin()"函数，用于设置管脚输出高电平或低电平，实现 LD2 指示灯亮或灭的效果。

　　打开 MDK-KEIL 软件的"Options"选项，在"Output"栏，选中"Browse Information"，重新编译程序，如图 2-14 所示。

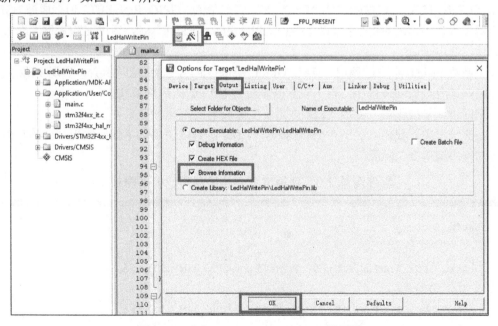

图 2-14　选中"Browse Information"设置图

　　在程序编辑界面 main.c 中，使用鼠标右键点击"HAL_GPIO_WritePin()"，选择"Go To Definition Of 'HAL_GPIO_WritePin'"，在"stm32f4xx_hal_gpio.c"中查看函数原型，如

程序清单 2-2 所示。

程序清单 2-2 "HAL_GPIO_WritePin()" 函数定义

```
1. void HAL_GPIO_WritePin(GPIO_TypeDef* GPIOx, uint16_t GPIO_Pin, GPIO_PinState PinState)
2. {
3.     /* Check the parameters */输入参数判断
4.     assert_param(IS_GPIO_PIN(GPIO_Pin));
5.     assert_param(IS_GPIO_PIN_ACTION(PinState));
6.     if(PinState != GPIO_PIN_RESET)
7.     {
8.       GPIOx->BSRR = GPIO_Pin;
9.     }
10.    else
11.    {
12.      GPIOx->BSRR = (uint32_t)GPIO_Pin << 16U;
13.    }
14. }
```

通过查看程序清单 2-2 及前面的函数说明可知，该函数入口参数 1 为端口号，取值范围是"GPIOA"～"GPIOK"；入口参数 2 为管脚号，取值范围是"GPIO_PIN_0"～"GPIO_PIN_15"；入口参数 3 为"PinState"，当取值为"GPIO_PIN_SET"时，通过 BSRR 寄存器设置管脚输出高电平；当取值为"GPIO_PIN_RESET"时，通过 BSRR 寄存器设置管脚输出低电平。

主函数 main.c 中通过调用"HAL_GPIO_WritePin()"，加上延时函数，实现 LD2 的亮灭控制。读者可以编译程序，再下载到开发板查看 LD2 的闪烁效果。

第四步：修改程序，使用"LD2"定义的管脚名实现同样效果。

在第一步中，我们命名了 PA5 管脚为"LD2"，可以使用以下代码实现同样的功能。代码如程序清单 2-3 所示。

程序清单 2-3　使用重命名的管脚实现电平控制

```
1.    while (1)
2.    {
3.        HAL_GPIO_WritePin(LD2_GPIO_Port,LD2_Pin,GPIO_PIN_SET);
4.        HAL_Delay(200);
5.        HAL_GPIO_WritePin(LD2_GPIO_Port,LD2_Pin,GPIO_PIN_RESET);
6.        HAL_Delay(200);
7.    }
```

编译下载程序清单 2-3 中的代码可以实现同样的闪烁效果。在 main.c 文件找到包含"main.h"的语句，点击鼠标右键打开"main.h"文件，如图 2-15 所示。

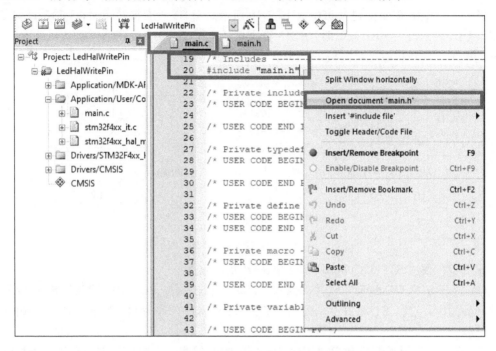

图 2-15　查看"main.h"文件图

在"main.h"中查看"LD2"的宏定义。我们在第一步通过 STM32CubeMX 定义管脚 PA5，命名为 LD2，自动生成的代码定义了"LD2_Pin"和"LD2_GPIO_Port"，编译时等价于管脚"GPIO_PIN_5"和端口"GPIOA"，这样编写的程序可读性和可移植性更好。"LD2"宏定义如程序清单 2-4 所示。

程序清单 2-4　　"LD2"宏定义

```
/* Private defines ------------------------------------------------*/
#define    LD2_Pin         GPIO_PIN_5
#define    LD2_GPIO_Port    GPIOA
/* USER CODE BEGIN Private defines */
```

实验总结：本实验新建工程时，没有选择官方开发板和默认初始化配置，而是直接选择芯片，查阅原理图、分配管脚、配置参数、生成工程文件、编写程序，实现实验效果，可供读者在使用非官方开发板的时候，新建工程参考。

 EX2_4　使用按键控制 LED 指示灯的亮灭

使用 STM32CubeMX 选择芯片新建工程，给按键 B1(蓝色)分配管脚 PC13，设置属性为"输入"，生成 MDK 代码，使用"HAL_GPIO_Read_Pin()"函数编写程序，通过按键控制 LD2 指示灯亮灭。

第一步：查阅按键电路。查阅开发板原理图"MB1136.pdf"可知，B1 按键接 PC13 管脚，通过上拉电阻 R29 接到 VDD，如图 2-16 所示。当 B1 没有被按下时，PC13 管脚接高电平(VDD，3.3 V)；当 B1 按下时，PC13 管脚接低电平(GND)。程序通过单片机读取 PC13 管脚的电平，判断按键是否被按下，实现 LD2 控制。

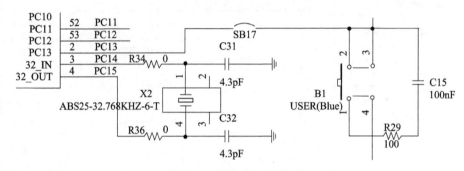

图 2-16 按键 B1 电路图

第二步：使用 STM32CubeMX 进行按键初始化配置。

(1) 打开 STM32CubeMX 软件，点击"File"新建工程；在"MCU/MPU Selector"芯片选择界面中，选择 STM32F4 系列的"STM32F411RE "单片机；点击"Start Project"开始工程。

(2) 在管脚配置界面找到驱动 LD2 所需的 PA5 管脚，点击鼠标左键配置为推挽输出"GPIO_Output"；找到驱动按键 B1 的 PC13 管脚,配置 PC13 的属性为输入"GPIO_Input"。在"User Label"中将 PA5 管脚为"LD2"，将 PC13 管脚命名为"B1"，如图 2-17 所示。

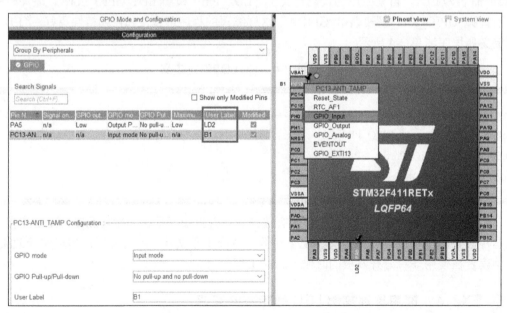

图 2-17 按键 B1 和灯 LD2 的管脚配置

(3) 参考实验 EX2_1 第二步设置，给工程命名为"ButtonHalGPIOReadPin"，选择开发工具为 MDK,生成代码。

第三步:打开 MDK 工程文件,在 "main.c" 文件的 while 循环中编写应用程序,代码如程序清单 2-5 所示。

程序清单 2-5 按键扫描程序

```
1. while (1)
2. {
3.     if(HAL_GPIO_ReadPin(B1_GPIO_Port,B1_Pin)==0)
4.     {
5.         HAL_Delay(10);
6.         if(HAL_GPIO_ReadPin(B1_GPIO_Port,B1_Pin)==0)
7.         {
8.             HAL_GPIO_TogglePin(LD2_GPIO_Port,LD2_Pin);
9.         }
10.        while(HAL_GPIO_ReadPin(B1_GPIO_Port,B1_Pin)==0);
11.    }
12. }
```

程序解析:

(1) 第 3、6、8、10 行使用了 "HAL_GPIO_ReadPin()" 函数,用来读取管脚的电平,从而判断按键操作。通过查看该函数的原型可知,入口参数 1 为端口号,取值范围是 "GPIOA"~"GPIOK";入口参数 2 为管脚号,取值范围是"GPIO_PIN_0"~"GPIO_PIN_15";返回值为 "GPIO_PinState"。当返回值为 "GPIO_Pin_SET" 时表示读到高电平,返回值为 "GPIO_Pin_RESET" 时表示读到低电平。

(2) 在 while 循环中,首先判断 B1 按键是否被按下,即管脚读取函数的返回值是否为 0(GPIO_Pin_RESET),若 B1 按键被按下,通过 "Hal_Delay(10)" 延时 10 毫秒,消除按键抖动干扰,防止一次按键多次响应。再次判断 B1 按键是否被按下,若被按下,使用 "HAL_GPIO_TogglePin()" 函数实现 LD2 管脚电平翻转操作。读者可以查看该函数原型,了解其定义和实现方法。

(3) 第 10 行采用 while 循环,等待 B1 按键释放,避免按键释放前,多次重复响应按键操作。

 EX2_5 使用 4 个按键控制 4 个 LED 的亮灭

修改 EX2_4 程序,使用 STM32F411RE-Nucleo 开发板和扩展板,编写程序,实现 4 个按键分别控制四个 LED 指示灯的亮灭。

第一步:查阅硬件原理图。查阅扩展板原理图,如图 2-18 所示。可以看到,LED0 阳极接到 PB0 管脚,LED1 阳极接到 PC1 管脚,LED2 阳极接到 PC0 管脚,LED3 阳极接到

PB3 管脚。当管脚输出高电平时，对应的 LED 灯亮，输出低电平时则 LED 灯灭。KEY0 接到 PA8 管脚，KEY1 接到 PB10 管脚，KEY2 接到 PB4 管脚，KEY3 接到 PB5 管脚。各个按键通过上拉电阻接到 VDD，按键被按下时，对应管脚将从高电平变为低电平。

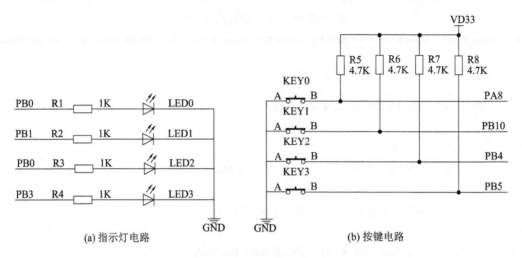

图 2-18 扩展板上指示灯和按键的电路图

第二步：使用 STM32CubeMX 软件进行相关配置。

(1) 打开 STM32CubeMX 软件，新建工程。选择"STM32F411RE"单片机；点击"Start Project"开始工程。

(2) 按照图 2-18 上的电路对本实验所需管脚进行配置和命名，包括四个按键和四个 LED 指示灯。注意按键属性均设置为输入，LED 均设置为推挽输出，如图 2-19 所示。

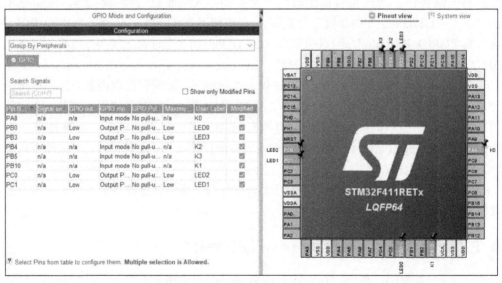

图 2-19 管脚配置界面

(3) 参考之前实验相关设置，给工程命名，生成代码。

第三步：打开 MDK 工程文件，在"main.c"的 while 循环中编写应用程序，代码如程序清单 2-6 所示。

程序清单 2-6　四个按键控制 LED 程序

```
1.   while (1)
2.   {
3.         if(HAL_GPIO_ReadPin(K0_GPIO_Port,K0_Pin)==0)
4.         {
5.              HAL_Delay(10);
6.              if(HAL_GPIO_ReadPin(K0_GPIO_Port,K0_Pin)==0)
7.              {
8.                   HAL_GPIO_TogglePin(LED0_GPIO_Port,LED0_Pin);
9.              }
10.             while(HAL_GPIO_ReadPin(K0_GPIO_Port,K0_Pin)==0);
11.        }
12.        if(HAL_GPIO_ReadPin(K1_GPIO_Port,K1_Pin)==0)
13.        {
14.             HAL_Delay(10);
15.             if(HAL_GPIO_ReadPin(K1_GPIO_Port,K1_Pin)==0)
16.             {
17.                  HAL_GPIO_TogglePin(LED1_GPIO_Port,LED1_Pin);
18.             }
19.             while(HAL_GPIO_ReadPin(K1_GPIO_Port,K1_Pin)==0);
20.        }
21.        if(HAL_GPIO_ReadPin(K2_GPIO_Port,K2_Pin)==0)
22.        {
23.             HAL_Delay(10);
24.             if(HAL_GPIO_ReadPin(K2_GPIO_Port,K2_Pin)==0)
25.             {
26.                  HAL_GPIO_TogglePin(LED2_GPIO_Port,LED2_Pin);
27.             }
28.             while(HAL_GPIO_ReadPin(K2_GPIO_Port,K2_Pin)==0);
29.        }
30.        if(HAL_GPIO_ReadPin(K3_GPIO_Port,K3_Pin)==0)
31.        {
32.             HAL_Delay(10);
33.             if(HAL_GPIO_ReadPin(K3_GPIO_Port,K3_Pin)==0)
34.             {
35.                  HAL_GPIO_TogglePin(LED3_GPIO_Port,LED3_Pin);
36.             }
37.             while(HAL_GPIO_ReadPin(K3_GPIO_Port,K3_Pin)==0);
38.        }
39.  }
```

程序解析：

类似实验 EX2_4，本实验使用四个 if 嵌套语句，分别检测四个按键是否按下。如果有按键按下，翻转对应 LED 管脚电平，实现 LED 指示灯亮灭控制。

 EX2_6　使用 BSP 方式驱动 LED 闪烁

使用板级支持包 BSP 方式，重新设计 LD2 闪烁的程序。

第一步：使用 STM32CubeMX 软件进行相关配置。

(1) 打开 STM32CubeMX，新建工程。选择"STM32F411RE"单片机，点击"Start Project"开始工程。

(2) 配置 PA5 管脚属性为推挽输出，将工程命名为"BSPLED"，生成代码。

第二步：拷贝 LED 的板级支持包至工程文件夹。

(1) 在 STM32CubeMX 生成的工程文件夹中，打开"Drives"子文件夹，新建一个子文件夹，命名为 Bsp，将本书附带板级支持包"BSP"文件夹中的"LED"子文件夹拷贝到新建的文件夹中。该文件夹中含有 LED 的板级支持包驱动程序"BSP_LED.c"和包含文件"BSP_LED.h"。新建文件夹如图 2-20 所示。

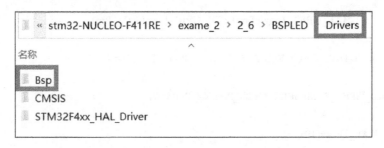

图 2-20　拷贝 LED 板级支持包驱动程序到工程文件夹

(2) 打开 MDK 工程，在工程项目中，添加一个新项目组，命名为"Bsp"，如图 2-21 所示。

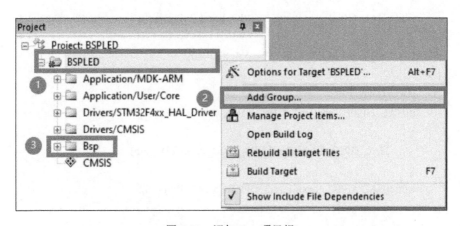

图 2-21　添加 Bsp 项目组

(3) 在新建的"Bsp"项目组图标上点击鼠标右键，选择添加现有的文件，找到

Drives\Bsp\LED 下面的"BSP_LED.c"文件,添加到"Bsp"项目组,如图 2-22 所示。

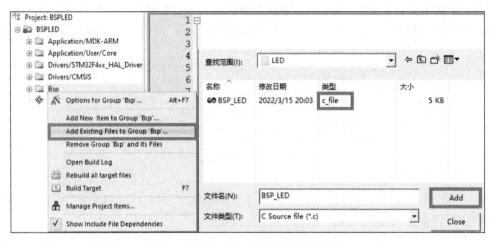

图 2-22 添加 LED 的板级支持包文件

(4) 添加工程文件包含路径。在 MDK 工具栏点击"Options",在弹出的窗口中选择"C/C++"标签页。找到"Include Path"栏,点击省略号图标,进入添加文件路径窗口,添加"..\Drivers\BSP\LED"到工程路径中,如图 2-23 所示。

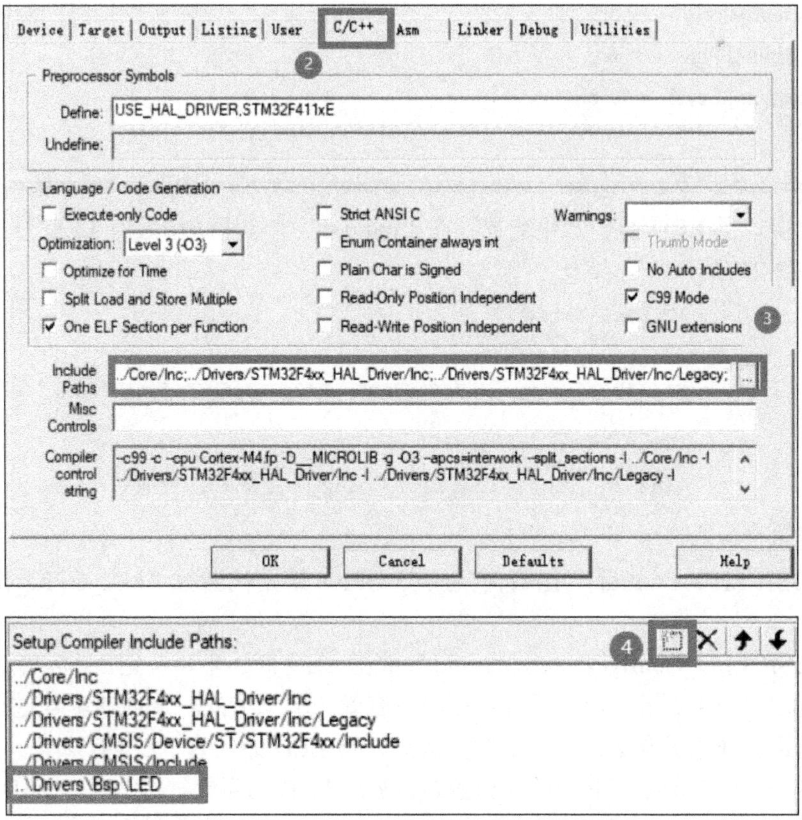

图 2-23 添加 LED 的板级支持包文件路径

第三步：编写应用程序。

(1) 添加头文件。要使用板级支持包"BSP_LED.c"提供的 LED 接口函数，工程必须包含"BSP_LED.h"头文件。将该文件添加到"main.h"的头文件添加位置，如图 2-24 所示。

```
    main.c      main.h*
34  /* USER CODE BEGIN Includes */
35  #include "BSP_LED.h"
36  /* USER CODE END Includes */
```

图 2-24　MDK 应用程序

(2) 添加 LED 配置代码。打开"BSP_LED.h"文件，找到 LED 配置的接口函数"BSP_LED_Config()"，查看该函数的输入参数和功能，在"BSP_LED.c"中可以查看具体代码，如程序清单 2-7 所示。

程序清单 2-7　"BSP_LED_Config()"函数

```
1.void BSP_LED_Config(LED_INDEX num, GPIO_TypeDef* port, uint16_t pin,LED_DRIVE level)
2.    {
3.    // 配置指示灯的属性：端口号、引脚号以及驱动方式
4.       Leds[num].Port    = port;
5.       Leds[num].Pin     = pin;
6.       Leds[num].Level   = level;
7.    }
```

该函数实现了 LED 的初始化配置。在"main.c"中调用该函数对 LED 灯进行初始化配置，如图 2-25 所示。

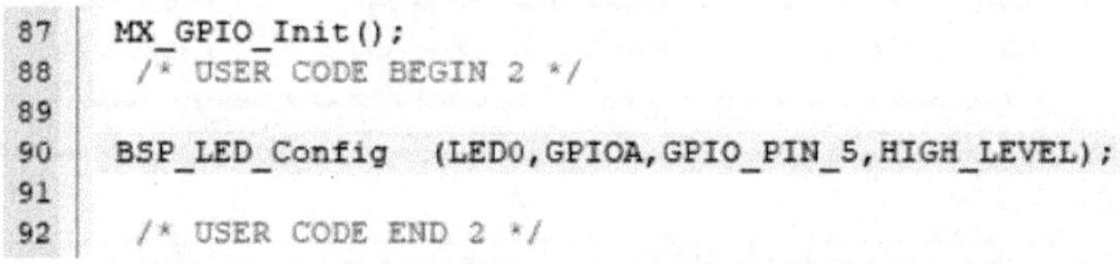

```
87  MX_GPIO_Init();
88   /* USER CODE BEGIN 2 */
89
90  BSP_LED_Config  (LED0,GPIOA,GPIO_PIN_5,HIGH_LEVEL);
91
92   /* USER CODE END 2 */
```

图 2-25　调用"BSP_LED_Config()"完成 LED 配置

程序解析：

① "BSP_LED_Config()"函数需要放在 GPIO 初始化函数"MX_GPIO_Init()"之后执行。

② "BSP_LED_Config()"相关的入口参数由 LED 灯的电路决定。本实验所用开发板的 PA5 管脚连接 LD2 指示灯，而且是高电平有效的驱动方式，调用该函数进行配置的时候，根据电路选择相关参数。如图配置完成后，该 LED 命名为"LED0"。

(3) 调用板级支持包 BSP 中的接口函数，驱动 LED 指示灯。在"BSP_LED.h"文件找到 LED 翻转电平的接口函数"BSP_LED_Toggle()"，查看输入参数和功能，在"main.c"

的 while(1)循环中调用该函数，实现 LED 驱动电平翻转，并调用"HAL_Delay()"，实现
LED 闪烁。相关代码如程序清单 2-8 所示。

程序清单 2-8 调用"BSP_LED_Toggle()"完成 LED 驱动

```
1. while (1)
2.  {
3.       BSP_LED_Toggle   (LED0);
4.       HAL_Delay(200);
5.  }
```

实验总结：板级支持包 BSP 一般由硬件厂家提供，是板载各个器件的官方驱动程序。
读者只要读懂驱动接口函数的定义，正确调用即可事半功倍。读者可专注于应用层程序编
写，实现产品功能，无须过多关注驱动程序。

 EX2_7 使用 BSP 方式驱动蜂鸣器、按键和 LED 指示灯

参考原教材第六章，使用板级支持包(BSP)方式，在扩展板上实现按键(KEY0)控制指
示灯(LED0)亮灭，以及蜂鸣器(BEEP1)随按键鸣叫的程序。

第一步：查看扩展板原理图，找到相关器件的电路，如图 2-26 所示。指示灯及按键电
路在实验 EX2_5 已经介绍过了。在蜂鸣器电路中，使用 NPN 三极管 S8050 驱动蜂鸣器。
当 PA1 管脚输出高电平，三极管导通，电流从 VDD 通过蜂鸣器，再经三极管的集电极流
经发射极，最后回到 GND，蜂鸣器响；当 PA1 管脚输出低电平，三极管截止，蜂鸣器不
响。三极管在本电路中起到开关作用。

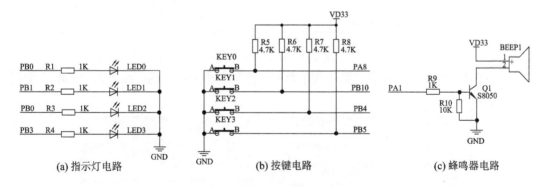

(a) 指示灯电路　　(b) 按键电路　　(c) 蜂鸣器电路

图 2-26 扩展板部分电路原理图

第二步：使用 STM32CubeMX 软件进行相关配置。

(1) 打开 STM32CubeMX 新建工程。选择"STM32F411RE"单片机，点击"Start Project"
开始工程。

(2) 配置 PA1(接蜂鸣器)、PB0(接 LED0)管脚属性为推挽输出"GPIO_Output"，PA8(接
按键 KEY0)管脚属性为输入"GPIO_Input"，如图 2-27 所示。

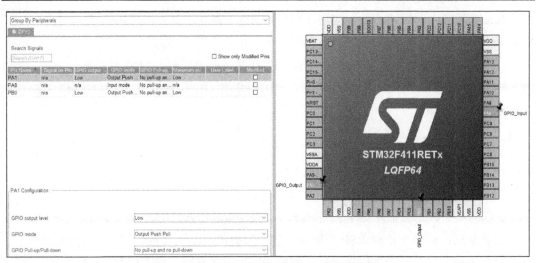

图 2-27　蜂鸣器、按键、指示灯管脚配置图

(3) 将工程命名为"BspKeyBeepLed"，生成代码。

第三步：添加板级支持包 BSP 到工程。

(1) 在 STM32CubeMX 生成的工程文件夹中，打开"Drives"子文件夹，新建一个子文件并命名为"BSP"，将板级支持包"BSP"文件夹中的"LED""KEY""BEEP"三个子文件夹拷贝到新建的文件夹中，这是指示灯、按键和蜂鸣器的板级支持包程序，如图 2-28 所示。

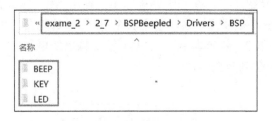

图 2-28　添加 Bsp 文件

(2) 打开 MDK 工程，在左侧工程项目中，添加一个新项目组，命名为"Bsp"，如图 2-29 所示。

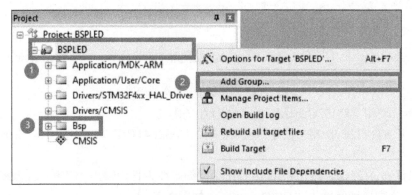

图 2-29　添加"Bsp"项目组

(3) 参考实验 EX2_6 第二步，在新建的"Bsp"项目组图标上点击鼠标右键，选择添加现有的文件，找到工程文件夹"Drives\BSP\LED"下面的"BSP_LED.c""Drives\Bsp\KEY"下面的"BSP_KEY.c"文件，"Drives\BSP\BEEP"下面的"BSP_BEEP.c"文件，添加到"Bsp"组，如图 2-30 所示。

图 2-30　在 MDK 工程中添加按键、蜂鸣器、指示灯的 BSP 文件

(4) 参考实验 EX2_6 第二步，添加头文件包含路径。在 MDK 工具栏点击工程设置图标，在弹出的窗口中选择"C/C++"标签页。找到"Include Path"栏，点击最右边的省略号图标，进入添加头文件路径窗口，添加"Drives\BSP\LED""Drives\BSP\KEY""Drives\BSP\BEEP"到头文件路径中，如图 2-31 所示。

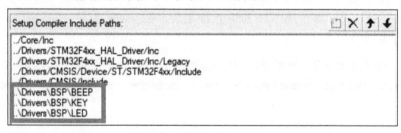

图 2-31　添加按键、蜂鸣器、指示灯驱动头文件路径

第四步：编写应用程序。

(1) 添加头文件。将该按键、蜂鸣器、指示灯驱动对应的头文件添加到"main.h"的头文件添加位置，如图 2-32 所示。

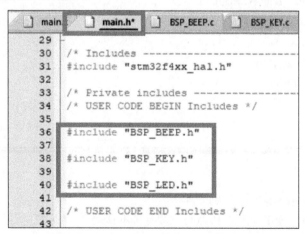

图 2-32　在工程中包含按键、蜂鸣器、指示灯驱动的头文件

(2) 添加配置代码。参考实验 EX2_6 第三步，分别在"BSP_LED.h""BSP_KEY.h""BSP_BEEP.h"文件中，找到对应的初始化配置函数，在主函数中调用，对指示灯、按键、蜂鸣器进行初始化配置，如图 2-33 所示。

```
87   MX_GPIO_Init();
88   /* USER CODE BEGIN 2 */
89
90   BSP_BEEP_Config(GPIOA, GPIO_PIN_1,BEEP_HIGH_LEVEL);
91
92   BSP_LED_Config(LED0, GPIOB, GPIO_PIN_0,HIGH_LEVEL);
93
94   BSP_KEY_Init( );
95
96   /* USER CODE END 2 */
```

图 2-33　按键、蜂鸣器、指示灯初始化配置代码

程序解析：

① BSP 初始化配置函数放在 GPIO 初始化函数 "MX_GPIO_Init()" 之后执行。

② 按键、蜂鸣器、指示灯的 BSP 初始化配置函数的入口参数由实际的硬件电路决定，在应用层文件调用的时候进行初始化配置，确保 BSP 驱动程序具有可移植性。针对本实验用的扩展板，指示灯由管脚 PA5 控制，高电平驱动；蜂鸣器由管脚 PA1 控制，高电平驱动；按键初始化配置函数没有入口参数。

(3) 调用按键、蜂鸣器、指示灯 BSP 接口函数，在 while 循环中编写应用代码，程序如程序清单 2-9 所示。

程序清单 2-9　使用 BSP 接口函数驱动按键、蜂鸣器、指示灯

```
1.   while (1)
2.   {
3.        BSP_KEY_Scan( );//扫描按键
4.        if(BSP_KEY_Read()==KEY0)
5.        {
6.             BSP_LED_Toggle(LED0);
7.             HAL_Delay(100);
8.             BSP_BEEP_On ( );
9.             HAL_Delay(100);
10.            BSP_BEEP_Off ( );
11.       }
12.  }
```

程序解析：

① 第 3 行在 while 循环中扫描按键。

② 第 4 行调用 "BSP_KEY_Read()" 按键读取函数，判断按键是否被按下。若按下，进入 if 执行语句。

③ 第 6、7 行，若按键被按下，首先调用 "BSP_LED_Toggle ()" 指示灯翻转函数，控制指示灯亮灭变换，然后延时。

④ 第 8～10 行，指示灯翻转的同时，调用 "BSP_BEEP_On ()" 函数打开蜂鸣器，延

时后，再调用"BSP_BEEP_Off()"函数关闭蜂鸣器。

实验小结：硬件厂家提供的板级支持包(BSP)可以方便解决硬件驱动的问题，具有可以移植性，避免开发过程中重复"造轮子"。

 EX2_8 使用 BSP 方式在 OLED 上显示字符串常量

使用板级支持包(BSP)方式，在扩展板 OLED 上显示常量英文字符串。

第一步：查看扩展板 OLED 电路图，在本实验中，选用 0.96 寸 OLED，分辨率为 128×64，显示器驱动芯片为 SSD1306，采用 STM32F4 单片机自带的 SPI 接口驱动(选 SPI1)。凡是 SSD1306 芯片驱动的显示器，不管大小尺寸，都可以使用该驱动程序。

查看 OLED 接口电路图可知，该显示器通过 7 针的单排针与扩展板插接，主要管脚定义如图 2-34 所示。

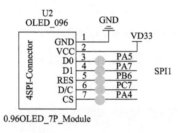

图 2-34 OLED 接口电路图

第二步：使用 STM32CubeMX 软件进行 SPI 配置。

(1) 打开 STM32CubeMX 新建工程。选择"STM32F411RE"单片机，点击"Start Project"开始工程。

(2) 配置 OLED 的 SPI 接口。使能 SPI1，并配置 SPI1 模式为"Transmit Only Master"，配置"Hardware NSS Signal"选项为"Hardware NSS Output Signal"。另外，参考 OLED 电路图和 SSD1306 数据手册，将数据/命令选择(对应图 2-34 中"D/C")管脚 PC7 设置为推挽输出，命名为"DC"，将"RES"复位管脚 PB6 设置为推挽输出，命名为"RES"，如图 2-35 所示。

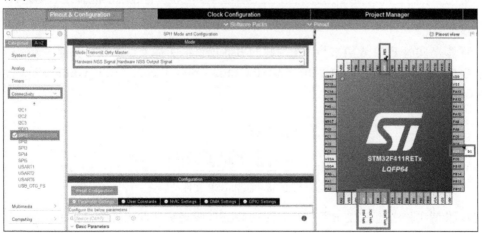

图 2-35 使用 STM32CubeMX 配置 OLED 的 SPI 接口

(3) 参考之前实验设置，给工程命名为"BspOLED"，生成代码。

第三步：添加 OLED 的 BSP 驱动程序至工程。

(1) 在 STM32CubeMX 生成的工程文件中，打开"Drives"文件夹，新建一个子文件并命名为"Bsp"，将本书提供的板级支持包 BSP 文件夹中的"OLED"文件夹拷贝到新建的文件夹中，如图 2-36 所示。

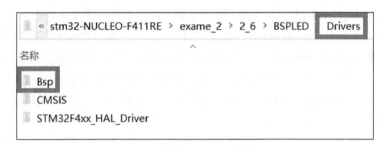

图 2-36　拷贝 OLED 驱动程序添加到工程的 BSP 文件夹

(2) 打开 MDK 工程文件，在工程项目中，添加一个新项目组，命名为"Bsp"，如图 2-37 所示。

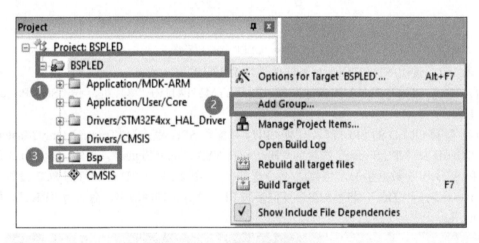

图 2-37　添加 BSP 项目组

(3) 参考实验 EX2_6 第二步，在新建的 Bsp 项目组图标上点击鼠标右键，选择添加现有的文件，找到工程文件夹中"Drives\BSP\OLED"路径下面的"BSP_OLED.c"文件，添加到 Bsp 组，如图 2-38 所示。

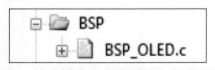

图 2-38　添加 BSP 文件

(4) 参考实验实验 EX2_6 第二步，添加 OLED 驱动头文件包含路径。在 MDK 工具栏点击工程设置图标，在弹出的窗口中选择 C/C++ 标签页。找到"Include Path"栏，点击最右边的省略号图标，进入添加头文件路径窗口，添加"Drives\BSP\OLED"到头文件路径中，如图 2-39 所示。

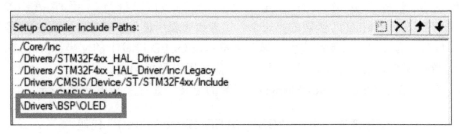

图 2-39　添加头文件路径

第四步：编写应用程序。

(1) 添加头文件。首先将该"BSP_OLED.h"头文件添加到"main.h"文件的头文件包含位置。本实验需要使用部分字符串格式转换库函数，还要包含"stdio.h"文件，如图 2-40 所示。

```
     main.c*      main.h      BSP_OLED.c      BSP_OLED.h
29
30    /* Includes -----------------------
31    #include "stm32f4xx_hal.h"
32
33    #include "BSP_OLED.h"
34
35    #include "spi.h"
36
37    #include "stdio.h"
38
39    /* Private includes --------------------
```

图 2-40　包含头文件

(2) 在"BSP_OLED.h"文件中找到"BSP_OLED_Init()"初始化函数，在主函数中调用，对 OLED 进行初始化配置。调用接口函数"BSP_OLED_ShowString()"在 OLED 屏幕上显示字符串常量，最后调用"BSP_OLED_Refresh()"函数，刷新 OLED 屏幕。相关代码如图 2-41 所示。

```
95     MX_GPIO_Init();
96     MX_SPI1_Init();
97
98     /* USER CODE BEGIN 2 */
99
100    BSP_OLED_Init( );//初始化oled
101
102    BSP_OLED_ShowString(12,0,"--OLED DEMO--"); //显示常量字符串
103    BSP_OLED_Refresh( );//刷新屏幕
104
105    /* USER CODE END 2 */
```

图 2-41　OLED 显示字符串常量代码

程序解析：

① 第 100 行的 OLED 初始化配置函数需要放在 GPIO 初始化函数"MX_GPIO_Init()"

之后执行。

② 字符串显示需指定显示坐标和显示内容。扩展板使用的 OLED 的分辨率为 128 × 64，左 上 角 对 应 坐 标 为 (0,0)，右 下 角 对 应 的 坐 标 为 (127,63)。程序第 102 行，"BSP_OLED_ShowString()"函数的第一个入口参数代表所显示字符串在 OLED 屏幕上的 x 坐标(0~127)，第二个入口参数代表所显示字符串在 OLED 屏幕上的 y 坐标(0~63)，第三个入口参数代表所显示字符串常量，显示内容需要用引号括起来。

(3) 查看"BSP_OLED_ShowString()"函数的定义，如程序清单 2-10 所示。

程序清单 2-10　"BSP_OLED_ShowString()"代码

```
1./**********************************************
2. * @name          BSP_OLED_ShowString
3. * @brief         Display a string at specified postion
4. * @param[in]  x          : x position，0~127
5.                y          : y position，0~63
6.                pStr       : a pointer to a string
7. * @return        None
8. * @note          字模按列取模，低位在前
9.                输入字符串，用""
10.               默认的 ASCII 码大小为 8*16
11.**********************************************/
12.void BSP_OLED_ShowString(uint8_t x, uint8_t y, char *pStr)
13.  {
14.    while((*pStr) != '\0')
15.    {
16.    // 参数修正
17.    if( x > 120)    // 当前行的 x 位置大于 120，则切换至下两页
18.      {
19.      x = 0;
20.      y = y + 16;
21.    }
22.      BSP_OLED_ShowChar(x,y,*pStr);
23.      x = x + 8;                    //x 方向右移 8 位
24.      pStr++;                       // 指向下一个字符
25.    }
26.  }
```

编译程序并下载到开发板，程序效果如图 2-42 所示。

图 2-42　使用 OLED 显示静态字符串效果图

 EX2_9　使用 BSP 方式在 OLED 上显示浮点型变量

使用板级支持包(BSP)方式,在扩展板上实现 OLED 显示浮点数变量。本实验仅需在 EX2_8 的基础上稍加修改即可。

第一步:打开 EX2_8 的 MDK 工程,在"main.c"的主函数中,定义一个字符串数组用来存放需要显示的字符,再定义一个用来显示的 float 型变量,如程序清单 2-11 所示。

程序清单 2-11　定义要显示的浮点数变量

```
1.    char strl[16]={0}; //存放需要显示的字符
2.    float count=0;
```

第二步:在 while 循环中编写代码,实现每间隔 1 秒钟将变量"count"的值加 1,并且实时在 OLED 屏幕上显示,相关代码如程序清单 2-12 所示。

程序清单 2-12　在 OLED 显示浮点数变量

```
1.  while (1)
2.  {
3.        sprintf(strl,"%.2f",count++);//变量转换成字符串
4.        BSP_OLED_ShowString(48,24,strl);
5.        BSP_OLED_Refresh( );
6.        HAL_Delay(1000);
7.  }
```

程序解析:

(1) 第 3 行使用"stido.h"库中的"sprintf"函数,将"count++"的值以浮点型格式拷

贝到 strl 数组中来，浮点数小数点后保留两位。

(2) 第 4～6 行，调用"BSP_OLED_ShowString()"函数将 strl 数组中的字符显示到 OELD 坐标为(48，24)的位置处，刷新屏幕并延迟 1 秒。

编译程序并下载到开发板，程序效果如图 2-43 所示。

图 2-43　使用 OLED 显示浮点数变量效果图

读者可以修改 EX2_8 及 EX2_9 中 OLED 显示的内容，以及显示的格式(例如小数点后保留的位数)，熟练掌握使用 OLED 显示常量和变量的方法。

EX2_10　使用 BSP 方式在 OLED 上显示温度传感器值

使用板级支持包(BSP)方式，通过 IIC 协议，在扩展板上读取温度传感器 LM75，并通过 OLED 显示温度数值。本实验在 EX2_9 的基础上直接进行修改。

第一步：查看扩展板温度传感器 LM75 电路图，如图 2-44 所示。由原理图和 LM75 的数据手册可知，该传感器使用 IIC 协议，与单片机的 PB8 和 PB9 管脚进行通信。

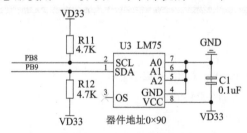

图 2-44　扩展板 LM75 传感器电路(IIC 接口)

第二步：使用 STM32CubeMX 软件进行 IIC 配置。

(1) 打开 EX2_9 工程文件夹中的 STM32cubeMX 工程"BspOLED.ioc"。

(2) 配置 LM75 的 IIC 接口。使能 I2C1，STM32CubeMX 默认"SDA"管脚为 PB7，实际电路为 PB9，需要手动修改，如图 2-45 所示。

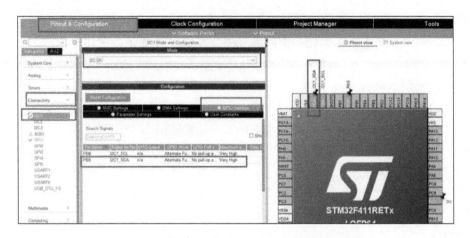

图 2-45　使用 STM32CubeMX 配置 LM75 的 IIC 接口

然后参考前面实验，使用 STM32CubeMX 重新生成工程代码。

第三步：添加 LM75 的 BSP 驱动程序至工程。

(1) 在工程文件夹中，打开"Drives/BSP"文件夹，将本书提供的板级支持包 BSP 文件夹中的"LM75"文件夹拷贝到"BSP"文件夹中。

(2) 打开 MDK 工程文件，参考实验 EX2_6 第二步，在工程 Bsp 项目组图标上点击鼠标右键，选择添加现有的文件，找到工程文件夹中"Drives\BSP\LM75"路径下面的"BSP_SENSOR_LM75.c"文件，添加到 Bsp 组。

(3) 参考实验 EX2_6 第二步，添加 LM75 驱动头文件包含路径。在 MDK 工具栏点击工程设置图标，在弹出的窗口中选择 C/C++ 标签页。找到"Include Path"栏，点击最右边的省略号图标，进入添加头文件路径窗口，添加"Drives\BSP\LM75"到头文件路径中，如图 2-46 所示。

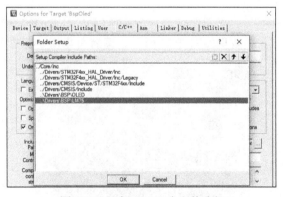

图 2-46　添加 LM75 头文件路径

第四步：编写应用程序。

(1) 添加头文件。参考实验 EX2_6 的第三步，将温度传感器驱动程序的头文件包含语句"#include "BSP_SENSOR_LM75.h ""添加到"main.h"的头文件包含位置。

(2) 在"BSP_SENSOR_LM75.h"文件中找到"BSP_UpdateSensorValue()"函数，用于 LM75 的初始化，在"main.c"的主函数中调用温度读取函数"BSP_GetSensorValue()"，然

后在 OLED 显示，如程序清单 2-13 所示。

程序清单 2-13　读取温度值并在 OLED 显示的代码

```
1.    /* USER CODE BEGIN 2 */
2.    BSP_OLED_Init();    //OLED 初始化
3.    BSP_OLED_ShowString(12,0, "--OLED DEMO--");//显示常量字符串
4.    BSP_OLED_Refresh();//OLED 刷新显示
5.    /* USER CODE END 2 */
6.    /* Infinite loop */
7.    /* USER CODE BEGIN WHILE */
8.    while (1)
9.    {
10.     /* USER CODE END WHILE */
11.      /* USER CODE BEGIN 3 */
12.    BSP_UpdateSensorValue();//更新温度传感器
13.    Temperature = BSP_GetSensorValue();//读取温度存在变量 Temperature 中
14.    sprintf (str1,"Temp: %4.2f'c",Temperature);//将温度变量拷贝到数组 str1
15.    BSP_OLED_ShowString(12,24, str1);//显示字符串
16.    BSP_OLED_Refresh();//刷新 OLED
17.    HAL_Delay(100);//延时
18.
19.    /* USER CODE END 3 */
20.    }
```

编译并下载程序，实验效果如图 2-47 所示。读者可以用手触摸 LM75 查看温度变化。

图 2-47　使用 OLED 显示温度传感器数据效果图

EX2_11 使用GPIO直接驱动四位数码管

扩展板上有四位共阳极数码管，单片机通过12个管脚连接该数码管。通过GPIO管脚电平写入函数"HAL_GPIO_WritePin()"，在数码管上显示"1234"。

第一步：查看扩展板数码管电路图，分析四位共阳极数码管显示原理。本实验我们选用四位0.36寸共阳极数码管，型号为"SLR0364CRA1BD"，在立创商城可以查到数据手册，电路如图2-48所示。

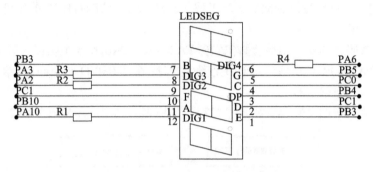

图2-48 四位共阳极数码管电路图

查看数码管数据手册(资料"C2913067.PDF")，查看数码管显示原理图，如图2-49所示。

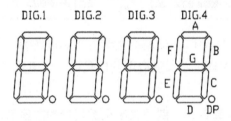

图2-49 四位共阳极数码管显示原理图

同理，查看该数码管接线图，如图2-50所示。

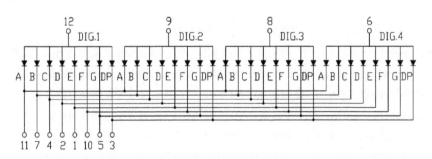

图2-50 四位共阳极数码管接线图

如图2-50所示，数码管一共12个管脚。每个数码管含8个LED，这8个LED阳极并联到一起，所以称为共阳极数码管。四个数码管的阳极分别接管脚12，9，8，6，名称为DIG.1，DIG.2，DIG.3，DIG.4。从图2-48可知，这四个管脚分别通过扩展板接到单片机的PA10，PA2，PA3，PA6管脚。

如图 2-49 所示，每个数码管由 8 个 LED 组成，分别命名为 A，B，C，D，E，F，G，DP。从图 2-48 可知，这八个 LED 的阴极分别通过扩展板接到单片机的 PB10，PB3，PC0，PB0，PA8，PC1，PB5，PB4 管脚，而且这四个数码管的各个 LED 阴极是并联的。

这四个数码管包含 32 个 LED，通过单片机的 12 个管脚控制，每个 LED 指示灯都可以独立点亮或者熄灭。

显示原理：要点亮第一个数码管的"A"灯，只需将该灯的阳极(DIG.1 管脚，PA10)置为高电平，阴极(PB10)置为低电平。这 32 个灯不同的亮灭组合可以显示不同图形。

第二步：打开 STM32CubeMX 新建工程，选择"STM32F411RE"单片机，点击"Start Project"开始工程。

配置四位数码管的 4 个阳极管脚(PA10，PA2，PA3，PA6)和 8 个阴极管脚(PB10，PB3，PC0，PB0，PA8，PC1，PB5，PB4)全部为推挽输出(GPIO_Output)，给工程命名为"LedSegGpio"，生成代码。

第三步：分析在四个数码管显示"1234"的原理。动态显示原理如图 2-51 所示。

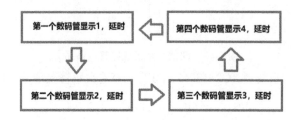

图 2-51　四位共阳极数码管动态显示原理

在"main.c"的 while 循环里面添加应用程序代码，实现数码管显示"1234"，如程序清单 2-14 所示。

程序清单 2-14　四位共阳极数码管动态显示代码

```
1.    while (1)
2.       {
3./*******第一个数码管显示"1"，其他数码管关闭********/
4.HAL_GPIO_WritePin(GPIOA, GPIO_PIN_10,GPIO_PIN_SET);//第 1 个数码管阳极置 1，打开
5.HAL_GPIO_WritePin(GPIOA, GPIO_PIN_2,GPIO_PIN_RESET);//第 2 个数码管阳极置 0，关闭
6.HAL_GPIO_WritePin(GPIOA, GPIO_PIN_3,GPIO_PIN_RESET);//第 3 个数码管阳极置 0，关闭
7.HAL_GPIO_WritePin(GPIOA, GPIO_PIN_6,GPIO_PIN_RESET);//第 4 个数码管阳极置 0，关闭
8.HAL_GPIO_WritePin(GPIOB, GPIO_PIN_10,GPIO_PIN_SET);//"A"段阴极置 1,关闭
9.HAL_GPIO_WritePin(GPIOB, GPIO_PIN_3,GPIO_PIN_RESET); //"B"段阴极置 0，打开
10.HAL_GPIO_WritePin(GPIOC, GPIO_PIN_0,GPIO_PIN_RESET);//"C"段阴极置 0，打开
11.HAL_GPIO_WritePin(GPIOB, GPIO_PIN_0,GPIO_PIN_SET);//"D"段阴极置 1,关闭
12.HAL_GPIO_WritePin(GPIOA, GPIO_PIN_8,GPIO_PIN_SET);//"E"段阴极置 1,关闭
13.HAL_GPIO_WritePin(GPIOC, GPIO_PIN_1,GPIO_PIN_SET);//"F"段阴极置 1,关闭
14.HAL_GPIO_WritePin(GPIOB, GPIO_PIN_5,GPIO_PIN_SET);//"G"段阴极置 1,关闭
```

15.HAL_GPIO_WritePin(GPIOB, GPIO_PIN_4,GPIO_PIN_SET);//"DP"段阴极置 1，关闭

16.HAL_Delay(1000);//延时 1 秒

17./*********第 2 个数码管显示"2"，其他数码管关闭**********/

18.HAL_GPIO_WritePin(GPIOA, GPIO_PIN_10,GPIO_PIN_RESET);//第 1 个数码管阳极置 0，关闭

19.HAL_GPIO_WritePin(GPIOA, GPIO_PIN_2,GPIO_PIN_SET);//第 2 个数码管阳极置 1，打开

20.HAL_GPIO_WritePin(GPIOA, GPIO_PIN_3,GPIO_PIN_RESET);//第 3 个数码管阳极置 0，关闭

21.HAL_GPIO_WritePin(GPIOA, GPIO_PIN_6,GPIO_PIN_RESET);//第 4 个数码管阳极置 0，关闭

22.HAL_GPIO_WritePin(GPIOB, GPIO_PIN_10,GPIO_PIN_RESET);//"A"段阴极置 0，打开

23.HAL_GPIO_WritePin(GPIOB, GPIO_PIN_3,GPIO_PIN_RESET); //"B"段阴极置 0，打开

24.HAL_GPIO_WritePin(GPIOC, GPIO_PIN_0,GPIO_PIN_SET);//"C"段阴极置 1，关闭

25.HAL_GPIO_WritePin(GPIOB, GPIO_PIN_0,GPIO_PIN_RESET);//"D"段阴极置 0，打开

26.HAL_GPIO_WritePin(GPIOA, GPIO_PIN_8,GPIO_PIN_RESET);//"E"段阴极置 0，打开

27.HAL_GPIO_WritePin(GPIOC, GPIO_PIN_1,GPIO_PIN_SET);//"F"段阴极置 1，关闭

28.HAL_GPIO_WritePin(GPIOB, GPIO_PIN_5,GPIO_PIN_RESET);//"G"段阴极置 0，打开

29.HAL_GPIO_WritePin(GPIOB, GPIO_PIN_4,GPIO_PIN_SET);//"DP"段阴极置 1，关闭

30.HAL_Delay(1000);//延时 1 秒

31./*第 3 个数码管显示"3"，其他数码管关闭，代码留待读者完成*/

32./*第 4 个数码管显示"4"，其他数码管关闭，代码留待读者完成*/

33.　　/* USER CODE END WHILE */

34.　　/* USER CODE BEGIN 3 */

35.　}

程序解析：

(1) 编译并下载程序，查看程序的效果：第一个和第二个数码管交替显示"1"和"2"，第三个和第四个数码管始终不亮。读者可以完善第 31 行和第 32 行代码，实现四个数码管交替显示"1""2""3""4"，每个数码管显示时间为 1 秒，肉眼可以分辨。

(2) 修改第 16 行和第 30 行的延时时间，改为 5 毫秒，重新编译下载，实现显示"1234"的程序效果，如图 2-52 所示。

(3) 数码管动态显示的原理总结：LED 灯点亮的充分必要条件为阳极置 1，阴极置 0，缺一不可。四个数码管的阳极交替打开，阴极输入不同显示内容，任何时刻只显示其中一个数码管，以很快速度刷新，人的肉眼感觉四个数码管同时打开并显示不同内容，这是利用了肉眼的视觉暂留效应。数码管动态显示一般刷新频率为 20～50 Hz(本程序为 50 Hz)。

图 2-52　四位共阳极数码管动态
显示"1234"

EX2_12　设计数码管的 BSP 驱动程序并调用

EX2_11 使用 GPIO 方式直接驱动数码管，程序比较复杂，代码复制性不好。本实验将设计四位共阳极数码管的 BSP 驱动程序并调用，实现 EX2_11 同样效果，程序可读性和可复制性大大提高。

第一步：打开 EX2_11 建立的 MDK 工程，在工程菜单栏点击鼠标右键增加项目组"Bsp"，在该项目组上点击鼠标右键，增加 C 语言格式的新成员(.c 格式)，命名为"BSP_LED_SEG.c"，如图 2-53 和图 2-54 所示。

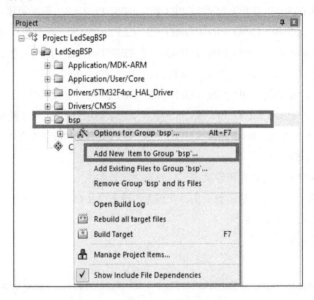

图 2-53　新建 Bsp 驱动程序项目组

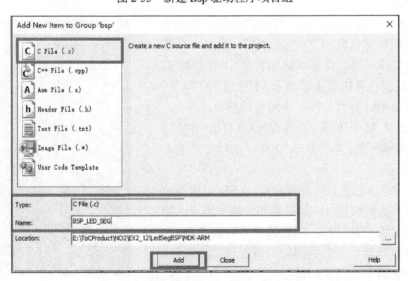

图 2-54　新建 BSP 驱动程序"BSP_LED_SEG.c"

第二步：打开新建的"BSP_LED_SEG.c"，编写 BSP 代码，如程序清单 2-15 所示。

程序清单 2-15   四位共阳极数码管动态显示 BSP 驱动代码

```
1. #include "stm32f4xx_hal.h"
2. #include "main.h"
3. #include "BSP_LED_SEG.h"
4. uint8_t DIGIT_ANODE[]={0xc0,0xf9,0xa4,0xb0,0x99,0x92,0x82,0xf8,0x80,0x90};
5. void BSP_LEDSEG_ShowNum(uint8_t Num, uint8_t pos, uint8_t dp )
6.    {
7.       //4 个数码管阳极全部关闭
8. HAL_GPIO_WritePin(DIG1_GPIO_Port, DIG1_Pin,GPIO_PIN_RESET);
9. HAL_GPIO_WritePin(DIG2_GPIO_Port, DIG2_Pin,GPIO_PIN_RESET);
10. HAL_GPIO_WritePin(DIG3_GPIO_Port, DIG3_Pin,GPIO_PIN_RESET);
11. HAL_GPIO_WritePin(DIG4_GPIO_Port, DIG4_Pin,GPIO_PIN_RESET);
12. //根据 pos 值选择打开对应数码管阳极
13.    switch (pos)
14.    {
15.       case 1:
16.       HAL_GPIO_WritePin(DIG1_GPIO_Port, DIG1_Pin,GPIO_PIN_SET);//第 1 个数码管阳极置 1
17.         break;
18.       case 2:
19.       HAL_GPIO_WritePin(DIG2_GPIO_Port, DIG2_Pin,GPIO_PIN_SET);//第 2 个数码管阳极置 1
20.         break;
21.        case 3:
22.       HAL_GPIO_WritePin(DIG3_GPIO_Port, DIG3_Pin,GPIO_PIN_SET);//第 3 个数码管阳极置 1
23.         break;
24.        case 4:
25.       HAL_GPIO_WritePin(DIG4_GPIO_Port, DIG4_Pin,GPIO_PIN_SET);//第 4 个数码管阳极置 1
26.         break;
27.         default:
28.          break;
29.    }
30. //根据 Num 的值，打开对应的 LED 阴极
31. char tmp=DIGIT_ANODE[Num];//根据 Num 的值取段选码
32. HAL_GPIO_WritePin(A_GPIO_Port, A_PIN,(tmp&0x01)==1?GPIO_PIN_SET:GPIO_PIN_RESET);
33. tmp=tmp>>1;
34. HAL_GPIO_WritePin(B_GPIO_Port, B_PIN,(tmp&0x01)==1?GPIO_PIN_SET:GPIO_PIN_RESET);
35. tmp=tmp>>1;
36. HAL_GPIO_WritePin(C_GPIO_Port, C_PIN,(tmp&0x01)==1?GPIO_PIN_SET:GPIO_PIN_RESET);
```

```
37.tmp=tmp>>1;
38.HAL_GPIO_WritePin(D_GPIO_Port, D_PIN,(tmp&0x01)==1?GPIO_PIN_SET:GPIO_PIN_RESET);
39.tmp=tmp>>1;
40.HAL_GPIO_WritePin(E_GPIO_Port, E_PIN,(tmp&0x01)==1?GPIO_PIN_SET:GPIO_PIN_RESET);
41.tmp=tmp>>1;
42.HAL_GPIO_WritePin(F_GPIO_Port, F_PIN,(tmp&0x01)==1?GPIO_PIN_SET:GPIO_PIN_RESET);
43.tmp=tmp>>1;
44.HAL_GPIO_WritePin(G_GPIO_Port, G_PIN,(tmp&0x01)==1?GPIO_PIN_SET:GPIO_PIN_RESET);
45.tmp=tmp>>1;
46.HAL_GPIO_WritePin(DP_GPIO_Port, DP_PIN,(tmp&0x01)==1?GPIO_PIN_SET:GPIO_PIN_RESET);
47.tmp=tmp>>1;
48.  }
```

程序解析：

(1) 第 3 行包含了头文件"BSP_LED_SEG.h"，该文件使用宏，定义了数码管驱动的 12 条管脚。

(2) 第 4 行定义了数组"DIGIT_ANODE[]"，含有共阳极数码管显示"0～9"所需的阴极驱动段选码。第一个成员为"0xC0"，对应的二进制"1100 0000"，将该值赋给 8 个 LED(从高位到低位的顺序为 DP，G，F，E，D，C，B，A)阴极的时候，对应的 8 个 LED 灯亮灭状态为灭，灭，亮，亮，亮，亮，亮，亮，呈现出"0"的显示效果。"0"的显示原理(DIG.4 数码管)如图 2-55 所示。

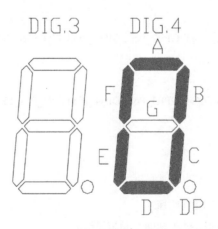

图 2-55　数码管显示"0"原理

其他数字的对应的段选码，读者可以自行体会。

(3) 第 5 行开始设计了数码管的 BSP 驱动函数"void BSP_LEDSEG_ShowNum(uint8_t Num，uint8_t pos，uint8_t dp)"，第一个参数"Num"表示要显示的数字，取值范围为 0～9；第二个参数"pos"为显示的位置(第几个数码管)，取值范围为 1～4；第三个参数"dp"

代表是否显示该数码管的小数点("1"表示显示,"0"表示不显示)。

(4) 程序第 8~11 行首先将四个数码管的阳极全部关闭。第 13~29 行,根据"pos"的值选择打开对应的数码管阳极(任何时刻只显示一个数码管)。

(5) 程序第 31~47 行,根据"Num"的值,将对应段选码"=DIGIT_ANODE[Num]"里面的 8 位分别取出来,赋值给指示灯 A,B,C,D,E,F,G,DP 对应的阴极管脚。其中用到了移位运算符">>",确保每次只取最低位。

(6) "BSP_LEDSEG_ShowNum()"函数中,根据参数"dp"显示小数点的部分代码没有列出,留给读者作为本实验作业来完成。

第三步:同样的方法,新建"BSP_LED_SEG.h"头文件,编写的代码如程序清单 2-16 所示。

程序清单 2-16　四位共阳极数码管动态显示 BSP 头文件代码

```
1./*******************************************************
2.                          本模块包含的头文件
3.*******************************************************/
4.#include "stm32f4xx_hal.h"
5./*******************************************************
6.                          本模块的宏定义
7.*******************************************************/
8.//四位阳极管脚定义
9.#define   DIG1_Pin          GPIO_PIN_10
10.#define   DIG1_GPIO_Port      GPIOA
11.#define   DIG2_Pin          GPIO_PIN_2
12.#define   DIG2_GPIO_Port      GPIOA
13.#define   DIG3_Pin          GPIO_PIN_3
14.#define   DIG3_GPIO_Port      GPIOA
15.#define   DIG4_Pin          GPIO_PIN_6
16.#define   DIG4_GPIO_Port      GPIOA
17.//八位阴极管脚定义
18.#define   A_PIN            GPIO_PIN_10
19.#define   A_GPIO_Port        GPIOB
20.#define   B_PIN            GPIO_PIN_3
21.#define   B_GPIO_Port        GPIOB
22.#define   C_PIN            GPIO_PIN_0
23.#define   C_GPIO_Port        GPIOC
24.#define   D_PIN            GPIO_PIN_0
25.#define   D_GPIO_Port        GPIOB
26.#define   E_PIN            GPIO_PIN_8
```

```
27.#define   E_GPIO_Port      GPIOA
28.#define   F_PIN            GPIO_PIN_1
29.#define   F_GPIO_Port      GPIOC
30.#define   G_PIN            GPIO_PIN_5
31.#define   G_GPIO_Port      GPIOB
32.#define   DP_PIN           GPIO_PIN_4
33.#define   DP_GPIO_Port     GPIOB
34./**********************************************************
35.                    本模块提供给外部调用的函数
36.**********************************************************/
37.void BSP_LEDSEG_ShowNum(uint8_t Num, uint8_t pos, uint8_t dp );
```

程序解析：

(1) 第 9～33 行使用宏，定义了数码管驱动的 12 条管脚。

(2) 第 37 行定义了 BSP 提供给外部调用的函数名。

第四步：打开工程中"main.c"文件，调用设计的 BSP，实现 EX2_11 同样的效果，如程序清单 2-17 所示。

程序清单 2-17　共阳极数码管动态显示"1234"代码

```
1. while (1)
2.{
3.        BSP_LEDSEG_ShowNum(1, 1, 0 );
4.        HAL_Delay(5);
5.        BSP_LEDSEG_ShowNum(2, 2, 0 );
6.        HAL_Delay(5);
7.        BSP_LEDSEG_ShowNum(3, 3, 0 );
8.        HAL_Delay(5);
9.        BSP_LEDSEG_ShowNum(4, 4, 0 );
10.       HAL_Delay(5);
11.    /* USER CODE END WHILE */
12.    /* USER CODE BEGIN 3 */
13. }
```

程序解析：

(1) 程序调用"BSP_LEDSEG_ShowNum()"实现了四个数码管分别轮流显示"0""2""3""4"的效果，间隔 5 ms，刷新一个周期为 20 ms，刷新率为 50 Hz，和实验 EX2_11 效果完全相同。

(2) 在程序调用"BSP_LEDSEG_ShowNum()"之前，应该在"main.h"中包含头文件"BSP_LED_SEG.h"。

实验小结：本程序编写了数码管驱动的 BSP 文件"BSP_LED_SEG.c"及其头文件，可以供应用层程序调用，只需在头文件修改管脚配置即可。

 ### EX2_13　使用 BSP 方式驱动数码管实现 24 秒倒计时

使用实验 EX2_12 设计的 BSP 编写应用层代码，驱动数码管实现 24 秒倒计时。

第一步：打开 EX2_11 建立的 MDK 工程，在工程菜单栏点击鼠标右键增加项目组"BSP"，在该项目组上点击鼠标右键，将实验 EX2_12 新建的"BSP_LED_SEG.c"和"BSP_LED_SEG.h"拷贝到该工程的"driver/Bsp"路径，并将"BSP_LED_SEG.c"添加到该项目组，最后在工程设置中，将"BSP_LED_SEG.h"文件的路径加入工程，具体做法可以复习实验 EX2_6。

第二步：在"main.h"中包含头文件"BSP_LED_SEG.h"。

第三步：在"main.c"中，编写代码，实现 24 秒倒计时，如程序清单 2-18 所示。

程序清单 2-18　共阳极数码管显示 24 秒倒计时代码

```
1.   while (1)
2.   {
3.          for(int counter=24;counter>0;counter--)//counter 在 1-24 循环
4.          for(int i=0;i<100;i++)//每次显示需要 10ms，重复 100 次=1 秒
5.          {
6.          BSP_LEDSEG_ShowNum(counter/10, 1, 0 );//在第 1 个数码管显示十位
7.          HAL_Delay(5);
8.          BSP_LEDSEG_ShowNum(counter%10, 2, 0 );//在第 2 个数码管显示个位
9.          HAL_Delay(5);
10.         if(counter==0) counter=24;//重复计时
11.         }
12.    /* USER CODE END WHILE */
13.    /* USER CODE BEGIN 3 */
14.  }
```

程序解析：

(1) 第 3 行定义了变量"counter"来代表要显示的值，每隔 1 秒减 1。在第 6 行和第 8 行分别调用"BSP_LEDSEG_ShowNum()"函数，显示变量"counter"的十位和个位。显示位置分别在第一个数码管和第二个数码管。

(2) 第 10 行实现重复计时功能。

(3) 编译并下载程序，效果如图 2-56 所示。

图 2-56 24 秒倒计时效果

EX2_14 学习 F4 固件包中的 EEPROM 例程

EEPROM(电可擦可编程只读存储器)通常用于存储可更新数据的工业应用程序，是一种用于永久(非易失性)内存存储系统断电时存储和保留少量数据的电子设备，掉电不丢失。常见的 EEPROM 器件有 AT24C02 系列、AT93C46 系列，都是独立的串行外部器件。

本实验使用的微控制器(STM32F411RE)，程序代码存储在单片机自带的嵌入式闪存，总共 128 KB。为了减少元件，节省 PCB 空间并降低系统成本，STM32F40x/STM32F41x 单片机自带的闪存可代替外部 EEPROM，用于同时存储代码和数据，数据在写入之前需要擦除 FLASH，释放空间，程序逻辑稍微复杂一些。独立的外部 EEPROM 器件不需要擦除操作。

单片机自带闪存可作为字节(8 位)、半字(16 位)或全字(32 位)访问，外部 EEPROM 一般是使用字节访问。读者要注意，单片机自带闪存代码和数据合计不能超过 128KB。

第一步：读者可以在官网 www.st.com 下载 "an3969-eeprom-emulation-in-stm32f40 xstm32f41x-microcontrollers-stmicroelectronics.pdf" 文档，查看单片机内部 FLASH 模拟 EEPROM 的有关说明和使用方法，特别是 FLASH 各个扇区的地址空间，防止代码和数据地址冲突。更详细的资料请下载和参考文档 "rm0383-stm32f411xce-advanced-armbased-32bit-mcus-stmicroelectronics.pdf"。

第二步：参考实验 EX1_4，查看固件包安装路径，打开 "Projects\STM32F411RE-Nucleo \Applications\EEPROM\EEPROM_Emulation\MDK-ARM" 文件夹，打开 "Project" 工程文件，展开 "Doc" 目录下的 "readme.txt"，查看例程介绍。

本应用说明描述了替代独立 EEPROM 的软件解决方案。通过使用 STM32F40x/STM32F41x 的片上闪存，模拟 EEPROM 设备。通过在 Flash 中至少使用两个扇区来实现仿真。EEPROM 仿真代码在扇区之间交换数据。

第三步：查看例程 "main.c"，部分代码如程序清单 2-19 所示。

程序清单 2-19 官方"EEPROM"例程代码

```
1.  /* Store 0x1000 values of Variable1 in EEPROM */
2.  for (VarValue = 1; VarValue <= 0x1000; VarValue++)
3.  {
4.if((EE_WriteVariable(VirtAddVarTab[0],   VarValue)) != HAL_OK)//在 VirtAddVarTab[0]地址写入 VarValue
5.      {
6.      Error_Handler();
7.      }
8. if((EE_ReadVariable(VirtAddVarTab[0],   &VarDataTab[0])) != HAL_OK)//读取数据存到 VarDataTab[0]
9.        {
10.       Error_Handler();//报错
11.       }
12.    if (VarValue != VarDataTab[0])//判断写入的数据是否等于读取的数据
13.       {
14.       Error_Handler();//报错
15.       }
16.  }
```

程序解析：调用"EE_Init()"对 EEPROM 进行初始化，第 4 行通过"EE_WriteVariable()"函数在特定地址写入数据，第 8 行通过"EE_ReadVariable()"读取数据，第 12 行进行判断，如果相同地址读取出的数据等于之前写入的数据，证明 EEPROM 存取逻辑正确。

编译并下载，如果程序运行正确，开发板上的 LD2 指示灯将会变亮，否则，LD2 指示灯会持续闪烁(相关报错代码在"Error_Handler()"中)。

注意，STM32F4 单片机自带 FLASH 大约可以擦写 1 万次，不要频繁重复擦写数据。

 EX2_15 使用 EEPROM 记录开机次数并在数码管上显示

实验 EX2_14 将 STM32F411RE 单片机的部分内置 FLASH 模拟当作 EEPROM 进行读写，验证了存取数据的正确性。但不能证明所存储的数据掉电之后没有丢失。本实验将在 EEPROM 存储开机次数，单片机每次断电重新上电开机后，读取上次存储的数据，加一并显示在数码管，验证 EEPROM 存储的数据掉电之后没有丢失。

第一步：打开实验 EX2_14 的工程文件夹，配置四个数码管的 12 个管脚。我们发现，该例程中并没有 STM32CubeMX 工程文件，无法可视化配置管脚，解决方案是使用其他实验中 STM32CubeMX 生成的管脚初始化函数。打开 EX2_13 的 MDK 工程，在"main.c"中，找到 12 个数码管驱动所需的管脚初始化函数"static void MX_GPIO_Init(void)"，拷贝全部内容，粘贴在 EX2_14 工程"main.c"之中，并在"/* Private function prototypes */"处添加函数申明语句"static void MX_GPIO_Init(void);"。

　　第二步：在本工程文件夹新建子文件夹，命名为"bsp"，将 EX2_13 编写的数码管驱动 bsp 程序"BSP_LED_SEG.c"及其头文件拷贝到本工程文件夹中，添加驱动项目组"bsp"，将拷贝过来的"BSP_LED_SEG.c"添加到该项目组，并为工程添加"BSP_LED_SEG.h"的包含路径，如图 2-57 所示。

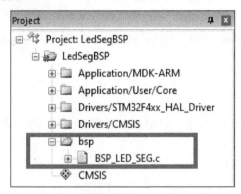

图 2-57　添加数码管的 bsp 驱动程序

　　在"main.h"的"Include"处，添加数码管的 bsp 驱动程序包含语句"#include "BSP_LED_SEG.h""。

　　第三步：编写代码，实现数码管显示单片机开机次数(最多显示 99 次)，如程序清单 2-20 所示。

程序清单 2-20　使用 EEPROM 记录开机次数代码

```
1.     SystemClock_Config();//配置时钟
2.     /* Unlock the Flash Program Erase controller */
3.     HAL_FLASH_Unlock();//解锁单片机的 Flash，便于擦写
4.     /* 初始化 12 个 GPIO */
5.     MX_GPIO_Init();
6.     /* EEPROM Init */
7.     if( EE_Init() != EE_OK)//初始化 EEPROM
8.     {
9.      Error_Handler();//初始化失败则报错
10.    }
11.    //读取 flash 地址 VirtAddVarTab[0]里面的值(开机次数)，存在 VarDataTab[0];
12.    if((EE_ReadVariable(VirtAddVarTab[0], &VarDataTab[0])) != HAL_OK)
13.    {
14.     Error_Handler();//读取失败则报错
15.    }
16.     //本次开机次数等于读取出的上次开机次数加 1
17.    VarValue=VarDataTab[0]+1;
18.    if(VarValue>=99)VarValue=0;//(最多存储 99 次，然后清零)
```

```
19.     //将新的开机次数存储在 eeprom 中，掉电不丢失
20.     if((EE_WriteVariable(VirtAddVarTab[0],   VarValue)) != HAL_OK)
21.       {
22.        Error_Handler();//写失败则报错
23.       }
24.     while (1)
25.       {
26.        BSP_LEDSEG_ShowNum( VarValue/10, 1, 0 );//在第一个数码管显示十位
27.        HAL_Delay(5);
28.        BSP_LEDSEG_ShowNum( VarValue%10, 2, 0 );//在第二个数码管显示个位
29.        HAL_Delay(5);
30.       }
```

程序解析：

(1) 第 5 行调用"MX_GPIO_Init()"对数码管的 12 个管脚进行初始化。

(2) 第 7 行调用"EE_Init() "对 EEPROM 进行初始化。

(3) 第 12 行通过"EE_ReadVariable()"读取 EEPROM 中存储的开机次数，加一之后，通过"EE_WriteVariable()"函数在特定地址写入最新数据，确保每次单片机重启之后，开机次数加一。

(4) 第 24～30 行实现数码管动态扫描显示开机次数"counter"。

编译并下载程序，每次单片机断电、上电(或者按复位键)之后，数码管上显示的开机次数会加一。本实验验证了存储在 EEPROM 中的数据掉电不丢失。

四、实验总结

(1) 根据扩展板电路，使用 STM32CubeMX 配置器件管脚属性和通信协议(SPI、IIC)，采用厂家提供的 BSP 驱动程序，调用相关初始化和应用函数，可以很容易使用扩展板的按键、指示灯、OLED、温度传感器、数码管等资源。

(2) 常用的 HAL 库是单片机厂家提供的驱动程序，可以方便地驱动 GPIO、定时器、ADC、FLASH 等单片机自身资源。

(3) 采用 BSP 驱动方式，初学者可以把精力放到应用程序编写上，不用集中在外围器件的驱动程序上，可尽快得到可观测效果，获得成就感。

(4) 如果器件原厂没有提供 BSP，可自己编写 BSP 驱动程序，编写程序可以提高代码的可复制性、可读性。BSP 驱动程序编写工程师也是重要的嵌入式岗位之一，需要对软件、硬件都有一定了解。

五、实验作业

(1) 修改实验 EX2_7，使用 BSP 方式实现扩展板上四个按键分别控制四个 LED 指示

灯亮灭的程序。

(2) 使用 BSP 方式，在扩展板上实现四个按键分别控制四个 LED 指示灯亮灭，并且蜂鸣器伴随四个按键分别鸣叫 1，2，3，4 下。

(3) 阅读 OLED 的 BSP 驱动程序，使用 BSP 方式，在 OLED 上显示中文汉字和图片。

(4) 修改实验 EX2_10 程序，当温度超过 30℃时，蜂鸣器报警，OLED 上显示报警信息并闪烁。

(5) 完善实验 EX2_11 程序，实现四个数码管完整显示"1234"。

(6) 修改实验 EX2_12 程序，完善"BSP_LEDSEG_ShowNum()"函数中参数"dp"显示小数点的部分代码，使用该驱动程序，实现 0.0～999.9 秒倒计时(小数点后保留一位)，每隔 0.1 秒计数值减 0.1。

(7) 参考实验 EX2_10 和实验 EX_15 的程序，增加 OLED 报警温度设置界面，可以通过按键设置报警温度值上限(例如，30 表示超过 30℃报警)，并将设置好的报警值存储在 EEPROM，可人为更改该值，掉电不丢失。

(8) 参考实验 EX2_10 和实验 EX2_15 程序，实现数码管显示 LM75 温度传感器的值，保留小数点后两位。

实验三　外部中断

一、实验目的

(1) 掌握 STM32F411 单片机外部中断原理及使用方法。

(2) 理解中断优先级控制原理，掌握程序实现方法。

二、实验内容

(1) 使用按键(B1)的外部中断方式控制 LED(LD2)指示灯的亮灭。

(2) 使用按键(B1)的外部中断方式控制 LED(LD2)指示灯的闪烁频率。

(3) 使用外部中断打断主函数 while 循环，执行完中断函数之后，再回主函数继续执行 while 循环。

(4) 使用扩展板的四个按键作为外部中断输入源，采用中断方式分别控制 LED0、LED1、LED2、LED3 四个指示灯的亮灭。

(5) 使用按键触发多个外部中断，实现中断嵌套，控制 LED 闪烁的优先级。

三、具体实验

 EX3_1　使用外部中断控制 LED 的亮灭

参考原教材第七章 7.4.1 节内容，新建 STMCubeMX 工程，配置蓝色按键 B1(接 PC13 管脚)为外部中断触发源，使用按键的外部中断，在 "STM32f4xx_it.c" 中，完善中断响应函数，控制绿色 LED(LD2，PA5 管脚驱动)亮灭。

第一步：查看按键 B1 和指示灯 LD2 电路图。由实验 EX2_3 和实验 EX2_4 电路图可知，LD2 指示灯由 PA5 管脚控制阳极，高电平驱动。B1 按键由 PC13 管脚控制，按键按下时产生下降沿，释放时产生上升沿。

第二步：使用 STM32CubeMX。

(1) 打开 STM32CubeMX，点击 "File" 新建工程；在 "MCU/MPU Selector" 芯片选择界面中，选择 STM32F4 系列，右边芯片型号下拉框选择 "STM32F411RE"，点击 "Start Project" 开始工程。

(2) 配置 PA5 管脚为推挽输出 "GPIO_output"，命名为 LD2。配置 PC13 管脚为外部中断 13 "GPIO_EXTI13"，"GPIO mode" 为 "External Interrupt Mode with Falling edge trigger

detection"(由下降沿触发),"GPIO Pull-up/Pull-down"(上拉/下拉电阻)为 "No pull-up and no pull-down"(无上拉/下拉电阻),如图 3-1 所示。

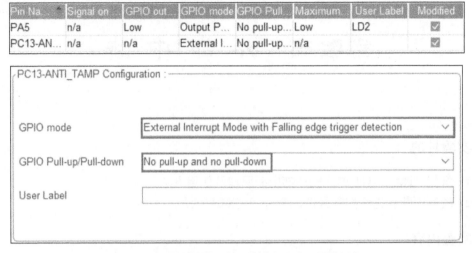

图 3-1　指示灯和外部中断的管脚分配和属性设置

(3) 使能外部中断。在 GPIO 外设配置窗口中,选择 NVIC 标签页,使能引荐 PC13 对应的外部中断,如图 3-2 所示。

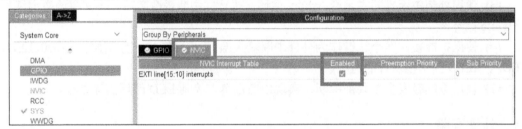

图 3-2　使能外部中断

(4) 将工程命名为"InteruptLED"并生成代码。

第三步:编写应用程序。打开生成的 MDK 工程文件,STM32CubeMX 会生成配置中断的相关文件"stm32f4xx_it.c",并自动生成中断配置代码,读者只需在中断响应函数中编写所需的应用代码即可,本实验需要编写的代码如图 3-3 所示。

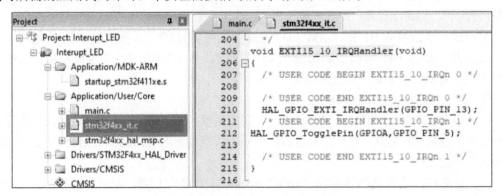

图 3-3　在中断响应函数添加 LD2 亮灭变换代码

　　程序解析：用户按下按键 B1 后，PC13 管脚产生下降沿，单片机的中断响应系统会产生中断，执行"EXTI15_10_IRQHandler()"中断响应函数，调用"HAL_GPIO_EXTI_IRQHandler()"外部中断通用处理函数之后，再执行我们编写的"HAL_GPIO_TogglePin(GPIOA,GPIO_PIN_5)"语句，翻转 PA5 管脚电平，实现指示灯亮灭变换。

　　实验小结：本实验与原教材第七章 7.4.1 节不同之处在于没有在主函数"main.c"中编写外部中断回调函数，而是直接在"stm32f4xx_it.c"的中断响应函数中添加了用户代码，达到了同样效果。读者也可以参考原教材的方法来完成本实验。

 ## EX3_2　使用外部中断控制 LED 的闪烁速度

　　参考原教材第七章 7.4.2 节，新建工程，配置蓝色按键 B1 按键为外部中断触发源，使用按键的外部中断，在"stm32f4xx_it.c"中完善中断响应函数，控制 LD2 闪烁的频率。闪烁频率设置为 3 级：初始状态时，LD2 闪烁频率为 1 Hz；第一次按键后，LD2 闪烁频率为 5 Hz；第二次按键后，LD2 闪烁频率为 10 Hz。再次按键后 LD2 闪烁频率恢复到 1 Hz，并重复上述过程。

　　第一步：参考实验 EX3_1，新建工程，完成 LD2 和 B1 的管脚分配和属性设置，将工程命名为"InteruptLedSpeed"，生成代码。

　　第二步：编写应用程序。

　　(1) 在"main.c"的主函数中使用语句"uint8_t　BlinkSpeed=0;"定义一个全局变量"BlinkSpeed"，初始化为 0，用来表示当前闪烁的频率。

　　(2) 在"main.c"的"while()"循环中，根据"BlinkSpeed"的值，来设置不同的闪烁频率。相关代码如程序清单 3-1 所示。

程序清单 3-1　在主函数添加 LED 闪烁频率控制程序

```
1.   while (1)
2.   {
3.        if(BlinkSpeed==0)
4.        {
5.             HAL_GPIO_TogglePin(GPIOA,GPIO_PIN_5);
6.             HAL_Delay(500);
7.        }
8.        if(BlinkSpeed==1)
9.        {
10.            HAL_GPIO_TogglePin(GPIOA,GPIO_PIN_5);
11.            HAL_Delay(100);
12.       }
13.       if(BlinkSpeed==2)
14.       {
```

```
15.              HAL_GPIO_TogglePin(GPIOA,GPIO_PIN_5);
16.              HAL_Delay(50);
17.         }
18.  }
```

程序解析：当检测到"BlinkSpeed"为 0 时，每间隔 500 ms 翻转一次 PA5 管脚电平，即设置 LED 灯闪烁频率为 1 Hz；当检测到"BlinkSpeed"为 1 时，每间隔 100 ms 翻转一次 PA5 管脚电平，即设置 LED 灯闪烁频率为 5 Hz；当检测到"BlinkSpeed"为 2 时，每间隔 50 ms 翻转一次 PA5 管脚电平，即设置 LED 灯闪烁频率为 10 Hz。

(3) 在"stm32f4xx_it.c"中，使用"extern"关键字，声明在"main.c"中定义的"BlinkSpeed"为外部变量，声明时不能重复初始化。相关代码及代码添加位置如图 3-4 所示。

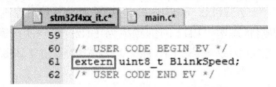

图 3-4　添加"BlinkSpeed"外部变量声明

(4) 在"stm32f4xx_it.c"中，找到按键对应的中断响应函数，编写速度调节代码，如程序清单 3-2 所示。

程序清单 3-2　在中断响应函数添加"BlinkSpeed"控制程序

```
1.void EXTI15_10_IRQHandler(void)
2.{
3. HAL_GPIO_EXTI_IRQHandler(GPIO_PIN_13);
4.     BlinkSpeed++;
5.     if(BlinkSpeed==3)
6.     {
7.         BlinkSpeed=0;
8.     }
9.}
```

程序解析：

① 第 4 行，当检测到按键按下，进入到中断响应函数后，首先将"BlinkSpeed"加 1，实现 LD2 闪烁频率级别增大。

② 第 5~8 行，由于主函数中设置的 LD2 闪烁频率只有 3 级，分别对应"BlinkSpeed"值为 0，1，2，因此当 BlinkSpeed 的值增加到 3 时，将其置 0。

运行结果：将程序下载到开发板上，按下复位键，可以观察到 LD2 指示灯按照 1 Hz 频率闪烁；按下 B1 按键后，LD2 指示灯闪烁频率加快到 5 Hz；再次按下 B1 按键，LD2

指示灯闪烁频率加快到 10 Hz；第三次按下 B1 按键，LD2 指示灯闪烁频率恢复到 1 Hz。

实验小结：在 C 语言文件中，如需要使用其他文件定义的全局变量，可以使用"extern"关键字进行声明，通过全局变量实现数据在不同 C 文件中传递。

 ## EX3_3　使用外部按键中断至函数 while()循环

在主函数"while()"循环中，使用蜂鸣器 BEEP1(接 PA1)持续输出"滴滴"声音，使用扩展板的 KEY0(接 PA8)按键作为外部中断输入源，采用中断方式，按下 KEY0 按键之后产生中断，蜂鸣器声音暂停，单片机执行中断响应函数，扩展板上 LED0(接 PB0)闪烁 5次，然后回到主函数中，蜂鸣器恢复输出"滴滴"声音。

第一步：查看相关硬件电路图。扩展板相关电路如图 3-5 所示。指示灯 LED0 由 PB0控制，高电平驱动；按键 KEY0 由 PA8 控制，按键按下时为低电平，释放为高电平；蜂鸣器由 PA1 控制，高电平驱动。

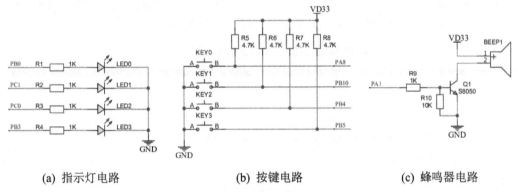

(a) 指示灯电路　　　　　　(b) 按键电路　　　　　　(c) 蜂鸣器电路

图 3-5　按键、蜂鸣器、指示灯电路图

第二步：使用 STM32CubeMX 软件进行相关配置。

(1) 打开 STM32CubeMX，点击"File"新建工程；在"MCU/MPU Selector"芯片选择界面选择 STM32F4 系列，右边芯片型号下拉框选择"STM32F411RE"，点击"Start Project"开始工程。

(2) 配置 PB0 管脚为"GPIO_output"，命名为"LED0"；配置 PA1 管脚为"GPIO_output"，命名为 BEEP1；配置 PA8 管脚为"GPIO_EXTI8"，在 GPIO 外设配置窗口中，配置 PA8的"GPIO mode"属性为"External Interrupt Mode with Falling edge trigger detection"(由下降沿触发)，"GPIO Pull-up/Pull-down"(上拉/下拉电阻)属性为"No pull-up and no pull-down"(无上拉/下拉电阻)，"User Label"属性为"KEY0"，如图 3-6 所示。

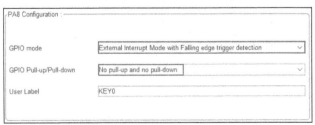

图 3-6　按键、蜂鸣器、指示灯管脚分配和属性设置

(3) 使能外部中断。在 GPIO 外设配置窗口中，选择 NVIC 标签页，使能引荐 PA8 对应的外部中断，如图 3-7 所示。

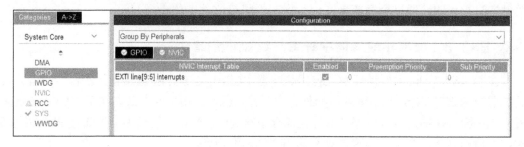

图 3-7　使能 KEY0 的外部中断

(4) 将工程命名为"InterruptBeepLed"并生成代码。

第三步：编写应用程序。

(1) 在"main.c"的 while 循环中，用"HAL_GPIO_TogglePin()"以及"HAL_Delay()"延时函数，实现蜂鸣器持续鸣叫。相关代码如程序清单 3-3 所示。

程序清单 3-3　蜂鸣器持续鸣叫程序

```
1. while (1)
2. {
3.      HAL_GPIO_TogglePin(BEEP1_GPIO_Port,BEEP1_Pin);
4.      HAL_Delay(200);
5.  }
```

(2) 在"stm32f4xx_it.c"中，找到 BEEP1 按键对应的中断响应函数 EXTI9_5_IRQHandler()，添加让 LED0 指示灯闪烁 5 次的代码，如程序清单 3-4 所示。

程序清单 3-4　LED0 指示灯闪烁 5 次的程序

```
1.void EXTI9_5_IRQHandler(void)
2.{
3.  HAL_GPIO_EXTI_IRQHandler(GPIO_PIN_8);
4.    static uint32_t  j=2000000;
5.    for(uint8_t i=0;i<10;i++)
6.    {
7.        HAL_GPIO_TogglePin(LED0_GPIO_Port,LED0_Pin);
8.        j=1000000;
9.        while(j--);
10.   }
11.}
```

程序解析：

① 由于"HAL_Delay()"函数也会用到系统的计时中断，此中断函数优先级高于本实验生成的中断响应函数，这会产生冲突，因此需要采用别的方法实现延时。在生成的中断响应函数中，第4行定义了一个静态变量"j"并初始化，第8行使用while函数实现延时，改变j的初始值可改变延时时长。

② 第5~10行使用for循环函数使LED0指示灯闪烁五次。

运行结果：将程序下载到开发板上，按下复位键，可以观察到蜂鸣器持续滴滴鸣叫；当按下B1按键，进入按键的中断响应函数，蜂鸣器关闭，LED0指示灯闪烁五次；闪烁完毕后，回到主函数while循环，蜂鸣器继续滴滴鸣叫。

 EX3_4 使用多个外部中断控制多个 LED 的亮灭

使用扩展板上的四个按键，采用外部中断模式，分别控制四个 LED 的亮灭。参考原教材第七章，"EXTI0"~"EXTI4"是独立的中断源，"EXTI9"~"EXTI5"共用一个中断源"EXTI9_5"，"EXTI15"~"EXTI10"共用一个中断源"EXTI15_10"。本实验中，KEY1(PB10)对应中断源"EXTI15_10"，KEY2(PB4)对应独立中断源"EXTI4"，而 KEY0(PA8)和 KEY3(PB5)均对应中断源"EXTI9_5"，需要在中断响应函数中对这两个管脚加以区分，判断到底是哪个按键导致的外部中断"EXTI9_5"。

第一步：查看按键和指示灯硬件原理图。指示灯 LED0 由 PB0 控制、LED1 由 PC1 控制、LED2 由 PC0 控制、LED3 由 PB3 控制，高电平驱动；按键 KEY0 由 PA8 控制、按键 KEY1 由 PB10 控制、按键 KEY2 由 PB4 控制、按键 KEY3 由 PB5 控制。按键按下时为低电平，释放时为高电平，如图 3-8 所示。

Pin Na ▲	Signal on	GPIO out	GPIO mode	GPIO Pull	Maximum	User Label	Modified
PA8	n/a	n/a	External I...	No pull-up...	n/a	KEY0	✓
PB0	n/a	Low	Output P...	No pull-up...	Low	LED0	✓
PB3	n/a	Low	Output P...	No pull-up...	Low	LED3	✓
PB4	n/a	n/a	External I...	No pull-up...	n/a	KEY2	✓
PB5	n/a	n/a	External I...	No pull-up...	n/a	KEY3	✓
PB10	n/a	n/a	External I...	No pull-up...	n/a	KEY1	✓
PC0	n/a	Low	Output P...	No pull-up...	Low	LED2	✓
PC1	n/a	Low	Output P...	No pull-up...	Low	LED1	✓

图 3-8 按键和指示灯管脚分配和属性配置

第二步：使用 CubeMX 软件进行相关配置。

(1) 打开 STM32CubeMX，点击"File"新建工程；在"MCU/MPU Selector"芯片选择界面中，选择"STM32F411RE"，点击"Start Project"开始工程。

(2) 配置 PB0，PC1，PC0，PB3 管脚为推挽输出"GPIO_output"，分别命名为 LED0，LED1，LED2，LED3；配置 PA8，PB10，PB4，PB5 管脚属性为外部中断，在 GPIO 外设配置窗口中，配置"GPIO mode"为"External Interrupt Mode with Falling edge trigger detection"(由下降沿触发)，分别命名为 KEY0，KEY1，KEY2，KEY3，如图 3-8 所示。

(3) 使能外部中断。在"GPIO"外设配置窗口中，选择"NVIC"标签页，使能 PA8，PB10，PB4，PB5 对应的外部中断，如图 3-9 所示。

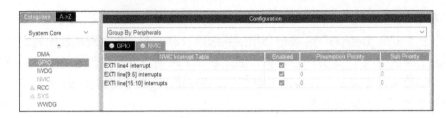

图 3-9　使能外部中断

（4）将工程命名为"InterruptsLeds"并生成代码。

第三步：编写应用程序。

（1）在"stm32f4xx_it.c"中找到 PB4 管脚对应的中断响应函数"EXTI4_IRQHandler()"，添加 LED2 电平翻转程序。相关代码如程序清单 3-5 所示。

程序清单 3-5　在中断响应函数添加 LED2 电平翻转程序

```
1.void EXTI4_IRQHandler(void)
2.{
3.  HAL_GPIO_EXTI_IRQHandler(GPIO_PIN_4);
4.  HAL_GPIO_TogglePin(LED2_GPIO_Port,LED2_Pin);
6.}
```

（2）在"stm32f4xx_it.c"中，找到 PA8 和 PB5 对应的中断响应函数"EXTI9_5_IRQHandler()"，判断 KEY0 和 KEY3 中哪个按键按下，若 KEY0 按键按下，翻转 LED0 指示灯阳极电平；若 KEY3 按键按下，翻转 LED3 指示灯阳极电平。相关代码如程序清单 3-6 所示。

程序清单 3-6　在中断响应函数添加 LED0 和 LED3 电平翻转程序

```
1.void EXTI9_5_IRQHandler(void)
2.{

3.  HAL_GPIO_EXTI_IRQHandler(GPIO_PIN_5);
4.  HAL_GPIO_EXTI_IRQHandler(GPIO_PIN_8);
5.  if(HAL_GPIO_ReadPin(KEY3_GPIO_Port,KEY3_Pin)==0)
6.  {
7.     HAL_GPIO_TogglePin(LED3_GPIO_Port,LED3_Pin);
8.  }
9.  if(HAL_GPIO_ReadPin(KEY0_GPIO_Port,KEY0_Pin)==0)
10. {
11.     HAL_GPIO_TogglePin(LED0_GPIO_Port,LED0_Pin);
12. }
13.}
```

(3) 在 PB10 对应的中断响应函数 EXTI15_10_IRQHandler()中，翻转 LED1 指示灯阳极电平。相关代码如程序清单 3-7 所示。

程序清单 3-7　在中断响应函数添加 LED1 电平翻转程序

```
1.void EXTI15_10_IRQHandler(void)
2.{
3.    HAL_GPIO_EXTI_IRQHandler(GPIO_PIN_10);
4.    HAL_GPIO_TogglePin(LED1_GPIO_Port,LED1_Pin);
5.}
```

实验效果：编译并下载程序，按下复位键，四个指示灯都是熄灭状态。当 KEY0 按键按下时，LED0 指示灯亮，再次按下时熄灭；当 KEY1 按键按下时，LED1 指示灯亮，再次按下时熄灭；当 KEY2 按键按下时，LED2 指示灯亮，再次按下时熄灭；当 KEY3 按键按下时，LED3 指示灯亮，再次按下时熄灭。

 EX3_5　多个中断嵌套实验

使用四个按键设置为外部中断模式，分别设定不同的中断优先级，实现四个外部中断嵌套。

KEY0 中断优先级设为 0，当按下 KEY0 时，LED0 闪烁 10 下。

KEY1 中断优先级设为 1，当按下 KEY1 时，LED1 闪烁 10 下。

KEY2 中断优先级设为 2，当按下 KEY2 时，LED2 闪烁 10 下。

KEY3 中断优先级设为 0，当按下 KEY3 时，LED3 闪烁 10 下。

第一步：参考图 3-8 查看按键和 LED 硬件原理图。

第二步：新建工程，使用 STM32CubeMX 软件进行管脚分配和属性配置，参考实验 EX3_4。

(1) 设置中断优先级。在"NVIC"配置窗口，设置 KEY0 中断优先级为 0，KEY1 中断优先级为 1，KEY2 中断优先级为 2，KEY3 中断优先级为 0，如图 3-10 所示。

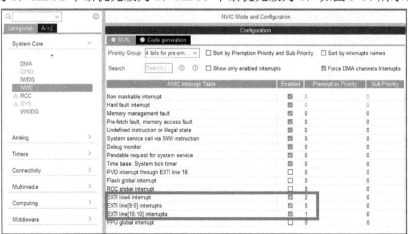

图 3-10　优先级设置

(2) 将工程命名为"NVIC",生成代码。

第三步:编写应用程序。

(1) 在 PB4(KEY2)管脚对应的中断响应函数"EXTI4_IRQHandler()"中,添加代码,让 LED2 闪烁 10 次,相关代码如程序清单 3-8 所示。

程序清单 3-8　在中断响应函数添加 LED2 闪烁程序

```
1.void EXTI4_IRQHandler(void)
2.{
3.  HAL_GPIO_EXTI_IRQHandler(GPIO_PIN_4);
4.    static uint32_t j=1000000;
5.    for(uint8_t i=0;i<20;i++)
6.    {
7.        HAL_GPIO_TogglePin(LED2_GPIO_Port,LED2_Pin);
8.        j=1000000;
9.        while(j--);
10.   }
11.}
```

(2) 在 PA8(KEY0)和 PB5(KEY3)管脚对应的中断响应函数"EXTI9_5_IRQHandler()"中,判断 KEY0 和 KEY3 中哪个按键按下,若 KEY0 按键按下,LED0 闪烁 10 次;若 KEY3 按键按下,LED3 闪烁 10 次。相关代码如程序清单 3-9 所示。

程序清单 3-9　在中断响应函数添加 LED0 和 LED3 闪烁程序

```
1.void EXTI9_5_IRQHandler (void)
2.{
3.HAL_GPIO_EXTI_IRQHandler (GPIO_PIN_5) ;
4.HAL_GPIO_EXTI_IRQHandler (GPIO_PIN_8) ;
5.static uint32_t j=1000000;
6.if(HAL_GPIO_ReadPin (KEY3_GPIO_Port,KEY3_Pin)==0)
7.{
8 .  for (uint8_t i=0;i<20;i++)
9.     {
10.     HAL_GPIO_TogglePin (LED3_GPIO_Port,LED3_Pin) ;
11.     j=1000000;
12.     while(j--);
13.    }
14.}
15.if(HAL_GPIO_ReadPin (KEY0_GPIO_Port,KEY0_Pin)==0)
```

```
16.  {
17.    for (uint8_t i=0;i<20;i++)
18.      {
19.        HAL_GPIO_TogglePin (LED0_GPIO_Port,LED0_PIN);
20.        j=1000000;
21.        while(j--);
22.      }
23.  }
24.}
```

(3) 在 PB10(KEY1)管脚对应的中断响应函数"EXTI15_10_IRQHandler()"中，LED1指示灯闪烁 10 次，相关代码如程序清单 3-10 所示。

程序清单3-10 在中断响应函数添加 LED1 闪烁程序

```
1.void EXTI15_10_IRQHandler(void)
2.{
3.    HAL_GPIO_EXTI_IRQHandler(GPIO_PIN_10);
4.    static uint32_t j=1000000;
5.    for(uint8_t i=0;i<20;i++)
6.    {
7.        HAL_GPIO_TogglePin(LED1_GPIO_Port,LED1_Pin);
8.        j=1000000;
9.        while(j--);
10.   }
11.}
```

运行结果：将程序下载到开发板上，按下复位键，可以观察到四个指示灯都是熄灭状态。当 KEY0 按键按下时，LED0 指示灯闪烁 10 次，由于 KEY0 的中断优先级最高为 0，因此在 LED0 闪烁的过程中按其他三个键都不会触发中断响应程序，其他三个指示灯都不会闪烁，直到 LED0 停止闪烁；当 KEY1 按键按下，LED1 闪烁 10 次，由于 KEY1 中断优先级为 1，高于 KEY2 的优先级，低于 KEY0 和 KEY3 的优先级。因此在 LED1 闪烁过程中若按下 KEY0 或 KEY3 按键，都会打断 LED1 指示灯的闪烁，而若按下 KEY1 按键，则不会打断 LED0 的闪烁；当 KEY2 按键按下时，LED2 闪烁 10 次，由于 KEY 2 优先级最低，因此在 LED2 指示灯闪烁过程中按下其他三个按键都会打断 LED2 指示灯的闪烁。当按下 KEY3 按键时，由于 KEY3 与 KEY0 的优先级相同，LED3 指示灯的闪烁情况也与 LED0 相同。

四、实验总结

(1) 本实验实现了外部中断控制 LED 指示灯闪烁，并可以实现多个不同优先级的外部中断的嵌套。

(2) 在主函数 while(1)中执行的程序，可以被外部中断事件打断。优先级低的中断事件，可以被优先级高的中断事件打断，转而执行中断优先级高的事件，执行完了之后，再执行优先级低的事件。

(3) 如果多个管脚使用同一组外部中断源，需要在中断响应函数里区分是哪一个管脚触发的中断事件，并做相应响应。

五、实验作业

(1) 修改实验 EX2_9 代码，添加 4 个按键外部中断，使用 OLED 实现计数器暂停、重新启动、加速、减速的效果。

(2) 修改实验 EX2_13 代码，添加 4 个按键外部中断，使用数码管显示，实现 24 秒倒计时暂停、重新启动、加速、减速的效果。

(3) 在扩展板上使用外部中断方式，实现四个按键分别控制四个 LED 指示灯亮灭，并且蜂鸣器伴随四个按键分别鸣叫 1，2，3，4 下。

实验四 定 时 器

一、实验目的

(1) 掌握 STM32F411 单片机定时器原理及使用方法。

(2) 掌握计数器、输入捕获、PWM 输出等功能的使用方法。

二、实验内容

(1) 使用定时器 10 定时产生中断，使开发板上 LD2 指示灯闪烁频率为 2 Hz。

(2) 学习 STM32F4 固件包中串口通信例程，使用 STM32CubeMX 从头新建工程，重复例程程序。

(3) 实现外部脉冲计数，将计数值通过串口输出到 PC 端显示。

(4) 使用定时器作为计数器，实现外部脉冲计数，并将计数值显示在 OLED 上。

(5) 使用单片机管脚输出周期为 2 秒，占空比为 50%的 PWM 信号，控制开发板上的 LD2 指示灯。

(6) 使用开发板上的 LD2，通过控制 PWM 占空比，实现呼吸灯效果。

(7) 利用定时器 2 的输入捕获功能，测量一个外部脉冲信号的周期、频率、高电平脉冲宽度和占空比，并将测量结果发送到 PC 显示。

(8) 使用定时器输入捕获功能，测量外部方波的频率，测量结果在 OLED 上显示，实现数字频率计功能。

(9) 使用定时器的外部触发计数器方式实现方波数字频率计功能。

三、具体实验

EX4_1 使用定时器中断实现 LD2 闪烁(频率为 2 Hz)

参考原教材第八章 8.3.6 节，使用定时器 10，1 秒钟产生一次定时器中断，在中断响应程序中编写程序，使 PA5 管脚电平翻转一次，开发板上 LD2 指示灯闪烁频率为 2 Hz。注意：定时器 10 挂载在 APB2 总线上，需要在 STM32CubeMX 时钟数界面提前查看 APB2 总线频率，根据该频率来设置预分频系数和计数值。

另外，为与原教材保持一致，新建工程的时候，使用外部时钟，将 APB2 总线时钟设置为 100 MHz。

第一步：打开 STM32CubeMX 新建工程，选择单片机型号"STM32F411RE"，开始工程。

第二步：修改左侧工具栏中的"System Core"→"RCC"其中默认设置为内部时钟（"Disable"），将其修改为使用外部时钟（"BYPASS Clock Source"），如图 4-1 所示。在"GPIO"设置栏中将 PA5 管脚设置为推挽输出（"GPIO_Output"），修改名称为"LD2"如图 4-2 和图 4-3 所示。

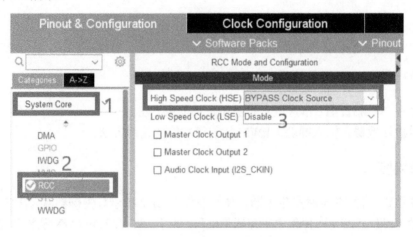

图 4-1　外部时钟配置界面

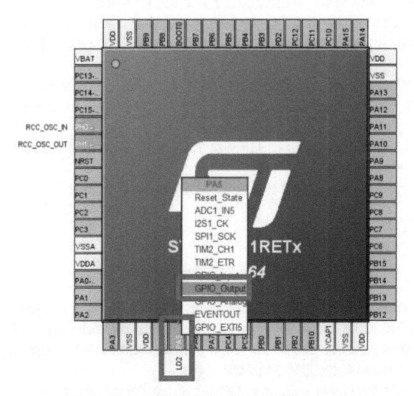

图 4-2　将 PA5 管脚设置为推挽输出（"GPIO_Output"）

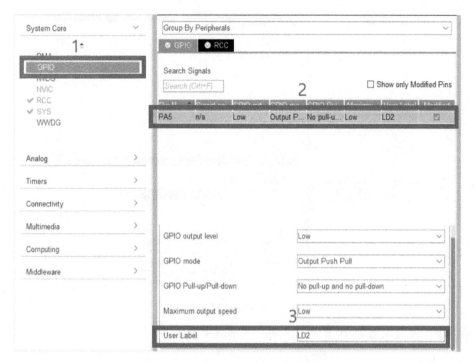

图 4-3 修改 PA5 名称为"LD2"

第三步：点击上方工具栏中的"Clock Configuration"，对时钟数进行修改，选择外部时钟"HSE"，将时钟总线 APB2 改为 100MHz，如图 4-4 所示。

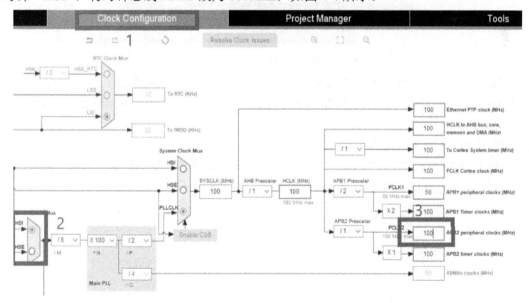

图 4-4 APB2 时钟参数修改

第四步：点击左侧定时器工具栏中的"Timers"，选择定时器"TIM10"，勾选激活"Activated"，修改预分频系数"Prescaler"为 9999，计数值"Counter Period"为 9999，自动装载"auto-reload preload"设置为 Enable，如图 4-5 所示。

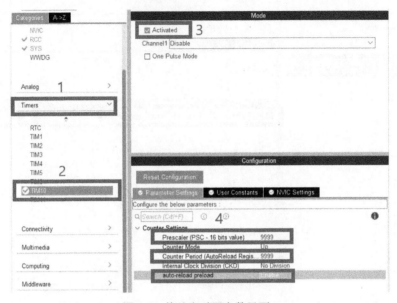

图 4-5　修改定时器参数界面

第五步：使能定时器 10 的全局中断，如图 4-6 所示。

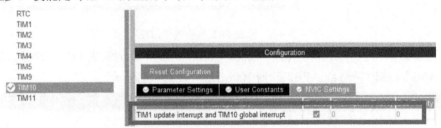

图 4-6　使能定时器 10 全局中断界面

第六步：点击工具栏中的"Project Manager"，进入工程管理界面，设置工程名称为"TIM10Led"，选择开发工具"MDK-ARM"，设置工程路径，点击"GENERATE CODE"，生成工程代码。

第七步：编写应用程序代码。

(1) 打开 MDK 工程，在"main.c"文件中，使用启动定时器中断"HAL_TIM_Base_Start_IT( )"和启动定时器"HAL_TIM_Base_Start( )"的代码，如图 4-7 所示。

```
81      SystemClock_Config();
82
83      /* USER CODE BEGIN SysInit */
84
85      /* USER CODE END SysInit */
86
87      /* Initialize all configured peripherals */
88      MX_GPIO_Init();
89      MX_TIM10_Init();
90      /* USER CODE BEGIN 2 */
91      HAL_TIM_Base_Start_IT(&htim10);//打开定时器10的中断
92      HAL_TIM_Base_Start(&htim10);//打开定时器10
93
```

图 4-7　打开定时器中断并启动定时器

（2）打开"stm32f4xx_it.c"，如图 4-8 所示；在定时器 10 的中断响应函数中，添加实现 LD2 管脚电平翻转的代码，如图 4-9 所示。

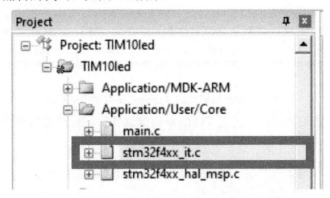

图 4-8　打开"stm32f4xx_it.c"

```
205   void TIM1_UP_TIM10_IRQHandler(void)
206  {
207     /* USER CODE BEGIN TIM1_UP_TIM10_IRQn 0 */
208
209     /* USER CODE END TIM1_UP_TIM10_IRQn 0 */
210     HAL_TIM_IRQHandler(&htim10);
211     /* USER CODE BEGIN TIM1_UP_TIM10_IRQn 1 */
212  HAL_GPIO_TogglePin(LD2_GPIO_Port,LD2_Pin);//LD2电平翻转
213     /* USER CODE END TIM1_UP_TIM10_IRQn 1 */
214
215  }
```

图 4-9　添加实现 LD2 管脚电平翻转的代码

第八步：编译并下载程序，查看 LD2 指示灯闪烁效果，若没有反应，尝试按下复位按键。

 ### EX4_2　学习 F4 固件包中的串口通信例程

学习 STM32F4 固件包中串口通信例程，使用重定向后的"printf"函数，通过串口，实现单片机和 PC 通信。

第一步：参考实验 EX1_4，查看固件包安装路径，打开固件包中"..\Projects\STM32F411RE-Nucleo\Examples\UART\UART_Printf\\MDK-ARM"文件夹。

第二步：打开 MDK 工程"Project.uvprojx"，点击左侧"Doc"中的"readme.txt"，查看如下所示的本例程串口通信的参数配置。

The communication port USART2 is configured as follows:

　　- BaudRate = 9600 baud　//波特率为 9600

　　- Word Length = 8 Bits　//数据位为 8 位

　　- One Stop Bit　//停止位为 1 位

　　- ODD parity　//偶校验

第三步：打开主函数"main.c"，该例程通过重定向的"printf"函数向 PC 输出字符串"UART Printf Example: retarget the C library printf function to the UART"，如图 4-10 所示。

```
 main.c
90      /* Initialization Error */
91      Error_Handler();
92    }
93
94    /* Output a message on Hyperterminal using printf function */
95    printf("\n\r UART Printf Example: retarget the C library printf function to the UART\n\r");
96
97    /* Infinite loop */
```

图 4-10　使用重定向的"printf"函数输出字符串

第四步：编译并下载程序。打开 PC 的串口调试软件，修改串口通信参数，如图 4-11 所示。

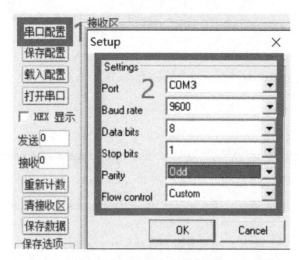

图 4-11　PC 的串口参数配置

第五步：打开串口，设置为字符串显示格式，按下开发板复位键，在 PC 接收区收到的字符与单片机程序中输出的字符串一致，如图 4-12 所示。

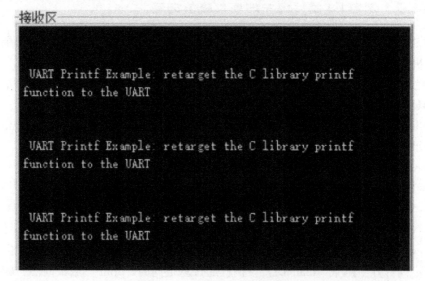

图 4-12　PC 接收区串口数据

EX4_3 使用 STM32CubeMX 新建工程实现串口通信

本实验将重新新建工程,实现 EX4_2 的功能。

第一步:打开 STM32CubeMX,新建工程,在"Board Selector"选项中选择"NUCLEO-F411RE"开发板,选择默认配置对外设进行初始化,如图 4-13 和图 4-14 所示。

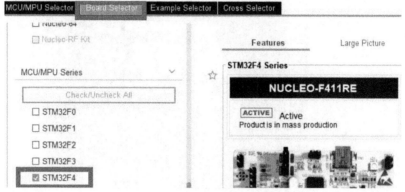

图 4-13 新建工程选择开发板 1

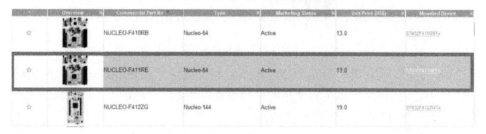

图 4-14 新建工程选择开发板 2

第二步:在左侧工具栏中选择通信"Connectivity"→"USART2",如图 4-15 和图 4-16 所示,可看到串口通信管脚默认分配为 PA2 和 PA3,其中 PA2 管脚属性为串口发送"USART_TX",PA3 管脚属性为串口接收"USART_RX",串口通信波特率为 115 200,数据位为 8 位,停止位为 1 位,无奇偶校验位,如图 4-15 所示,上下位机串口通信时,PC 接收端串口需要配置相同的参数。

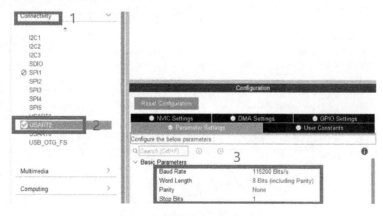

图 4-15 串口通信参数配置

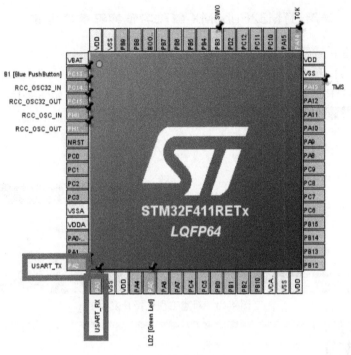

图 4-16　管脚分配

第三步：设置工程名称、存储路径，选择开发工具为"MDK-ARM"，生成代码。

打开 MDK 工程，由于本实验使用的串口重定向用到了"stdio.h"，需要在 MDK 选项栏中选中"Use MicroLIB"，如图 4-17 所示。

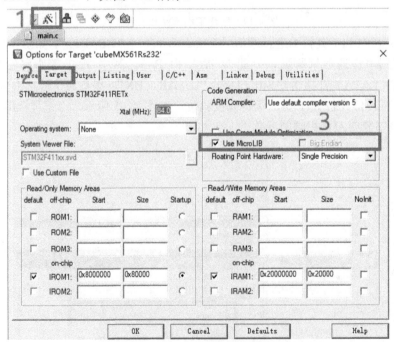

图 4-17　配置"Use MicroLIB"选项

在“main.c”中添加头文件“stdio.h”(该头文件中有“printf”函数定义)，如图 4-18 所示。

```
main.c
#include "main.h"

/* Private includes --------------
/* USER CODE BEGIN Includes */
#include "stdio.h"
/* USER CODE END Includes */
```

图 4-18　加入头文件

第四步：在“main.c”中加入串口重定位语句，如图 4-19 所示。该段代码可以从实验 EX4_2 官方例程代码中复制过来，注意修改输入的结构体变量参数名称。

```
main.c
/* USER CODE BEGIN PV */
#ifdef __GNUC__
  /* With GCC, small printf (option LD Linker->Libraries->Small printf
     set to 'Yes') calls __io_putchar() */
  #define PUTCHAR_PROTOTYPE int __io_putchar(int ch)
#else
  #define PUTCHAR_PROTOTYPE int fputc(int ch, FILE *f)
#endif /* __GNUC__ */
  PUTCHAR_PROTOTYPE
{
  /* Place your implementation of fputc here */
  /* e.g. write a character to the EVAL_COM1 and Loop until the end of transmission */
  HAL_UART_Transmit(&huart2, (uint8_t *)&ch, 1, 0xFFFF);

  return ch;
}
/* USER CODE END PV */
```

图 4-19　在主函数加入串口重定位代码

第五步：在“main.c”中使用“printf”函数，输出为“Hello World”，编译并下载程序至开发板，如图 4-20 所示。

```
main.c
  /* USER CODE BEGIN 2 */
printf ("\n\r Hello World \n\r");
  /* USER CODE END 2 */
```

图 4-20　在主函数使用“printf”函数，输出“Hello World”

打开 PC 的串口调试助手，配置串口通信参数，波特率为 115 200，数据位为 8 位，停止位为 1 位，无奇偶校验位，采用字符串格式显示，如图 4-21 所示。

图 4-21　PC 端串口参数配置

按下开发板复位按钮，单片机发送"Hello World"字符串，使用串口调试助手查看接收到的数据。程序代码及实验结果如图 4-22 所示。

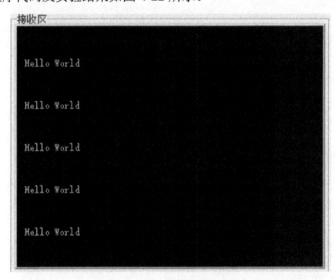

图 4-22　串口通信实验结果

 EX4_4　定时器实现外部脉冲计数并通过串口输出

在实验 EX4_3 程序的基础上，参考原教材第八章 8.3.7 节，使用 STM32CubeMX 配置定时器 2 为计数器，实现外部脉冲计数，将计数值通过串口输出到 PC 端显示。

外部脉冲信号由按键 B1 触发，通过 PA1 管脚输出。将 PA0 配置为定时器 2 的外部触发输入引脚"TIM2_ETR"，用来对 PA1 脉冲计数。定义全局变量"Result"，用来存放脉冲的计数值。

第一步：打开实验 EX4_3 中的 STM32CubeMX 工程文件，设置 PA1 管脚为输出"GPIO_Output"，并修改名称为"PULSE"，将 PA13 管脚设置为输入"GPIO_Input"，修改名称为"B1"，PA0 管脚修改为脉冲捕获输入"TIM2_ETR"，点击定时器工具栏中的

"Timers"，选择"TIM2"，修改时钟源"Clock Source"为"ETR2"，生成代码，如图 4-23
和图 4-24 所示。

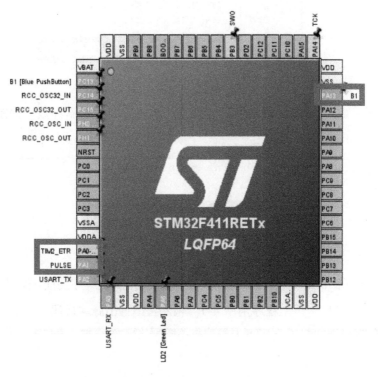

图 4-23 配置管脚

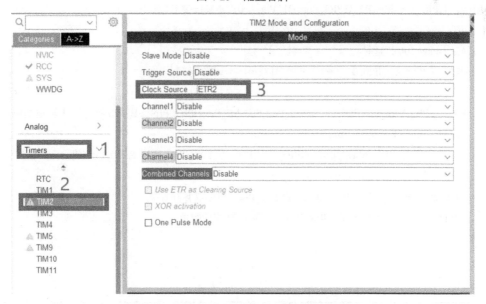

图 4-24 配置定时器 2 输入时钟源为外部触发

第二步：打开 MDK 工程修改"main.c"。在 GPIO 初始化、串口初始化和定时器初始
化之后，添加代码启动定时器 2，如图 4-25 所示。

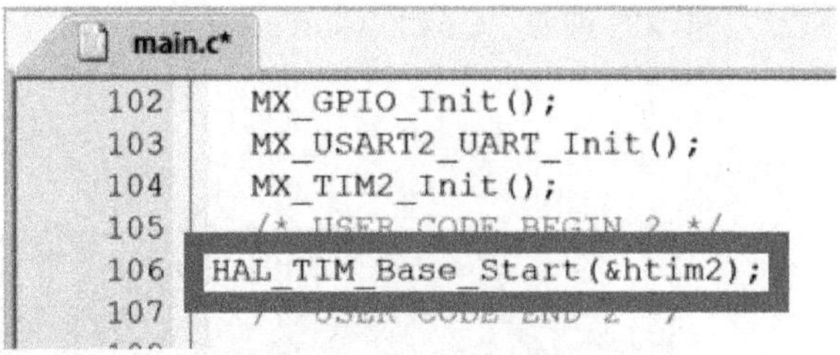

图 4-25　启动定时器 2

第三步：在"main.c"中定义全局变量"Result"，记录脉冲数，如图 4-26 所示。

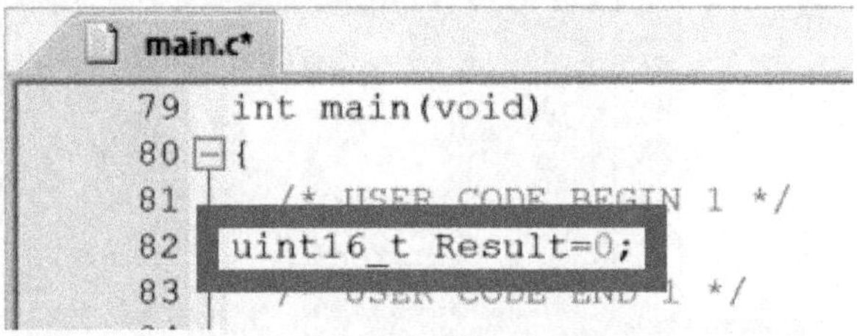

图 4-26　定义全局变量"Result"

第四步：在"main.c"的 while 循环中添加代码，实现程序功能，如程序清单 4-1 所示。

程序清单 4-1　检测按键输出脉冲代码

```
1.while(1)
2.{
3.  if(HAL_GPIO_ReadPin(B1_GPIO_Port,B1_Pin)==0)//如果按键 B1 按下
4.  {
5.    HAL_Delay(100);//延时
6.    if(HAL_GPIO_ReadPin(B1_GPIO_Port,B1_Pin)==0)//按键防抖
7.    {
        HAL_GPIO_WritePin(PULSE_GPIO_Port,PULSE_Pin,GPIO_PIN_SET );//使用 PA1 输出高电平
8.      HAL_Delay(1);//延时 1 ms
9.      HAL_GPIO_WritePin(PULSE_GPIO_Port,PULSE_Pin,GPIO_PIN_RESET); //使用 PA1 输出低电平
10.     HAL_Delay(1);//延时 1 ms
11.     Result=__HAL_TIM_GET_COUNTER(&htim2);//读取脉冲计数值
12.     printf("\n\r count= %d.\n\r",Result);//串口输出脉冲计数值
13.   }
14. }
15.}
```

程序解析：

(1) 第 3～6 行检测按键是否按下。

(2) 第 7～10 行控制 PA1 输出脉冲方波。

(3) 第 11～12 行中定时器 2 自动对管脚 PA0 输入的脉冲计数,通过串口输出该计数值。

(4) 编译并下载程序, 打开 PC 的串口调试助手, 配置好参数, 接收串口数据。使用杜邦线连接开发板的 PA0 和 PA1 管脚, 实验结果如图 4-27 所示, 在开发板上每按下 B1 键一次, 串口调试软件接收到相应脉冲计数值。

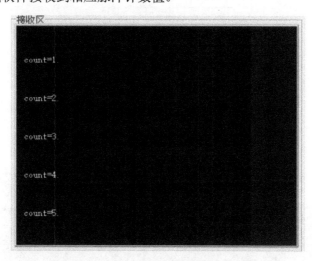

图 4-27 在串口调试软件显示脉冲计数值

EX4_5 定时器外部脉冲计数并在 OLED 上显示

在 EX4_4 程序的基础上, 参考实验 EX2_9 修改代码, 将外部脉冲计数值显示在扩展板 OLED 上。由于扩展板将开发板的 B1 按键挡住了, 因此换成扩展板上的按键 KEY0 来作为脉冲触发的按键。首先通过 STM32CubeMX 修改 PA8 的管脚属性, 并且为 OLED 添加 SPI 接口, 并配置 DC、RES 管脚为输出。OLED 驱动可参考实验 EX2_9。

第一步: 打开实验 EX4_4 的 STM32CubeMX 工程文件, 将 PC13、PA5 管脚属性设置为复位 "Reset_State", 修改 PA8 管脚属性为输入 "Gpio_Input", 命名为 "B1"。设置通信接口为 "SPI1", "Mode" 选项为 "Transmit Only Master", "Hardware NSS Signal" 选择为 "Hardware NSS Output Signal", 如图 4-28 所示。

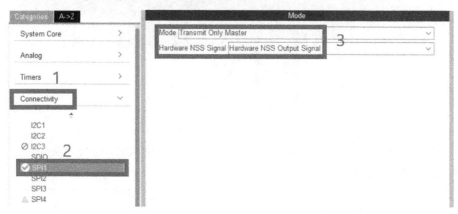

图 4-28 设置通信接口 "SPI1"

　　根据扩展版 OLED 的原理图(见图 4-29)，配置 PC7 和 PB6 管脚为输出，PC7 命名为"DC"，PB6 命名为"RES"，配置好的所有管脚如图 4-30 所示，重新生成代码，打开 MDK 工程。

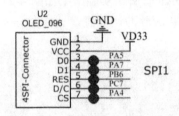

图 4-29　扩展版 OLED 的原理图

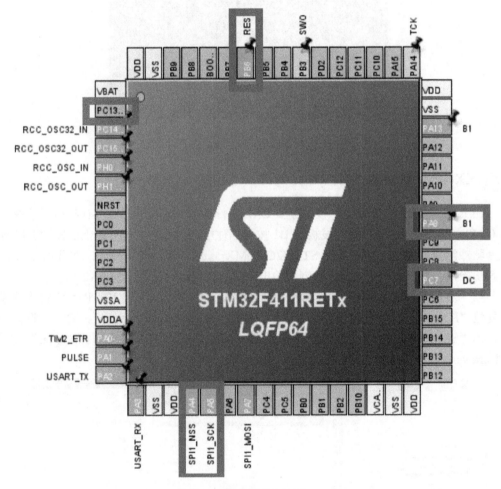

图 4-30　管脚配置结果图示

　　第二步：将 BSP 驱动中的 OLED 文件夹拷贝到本工程的 Drivers 文件夹中，新建文件夹 BSP，将 OLED 驱动拷贝在其中。

　　第三步：在 MDK 工程栏中，创建项目组并修改名称为"BSP"，添加 OLED 驱动程序"BSP_OLED.c"，如图 4-31 所示。

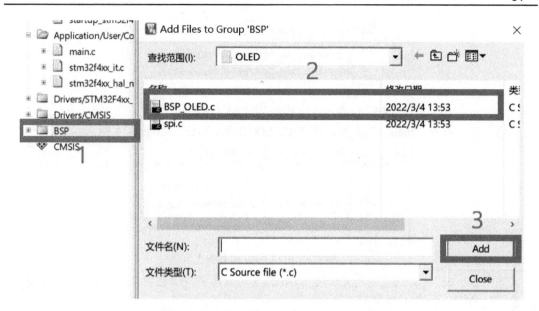

图 4-31 创建"BSP"添加 OLED 驱动程序

第四步：添加 OLED 驱动程序路径，编译时候可以找到相关源文件和头文件，如图
4-32 所示。

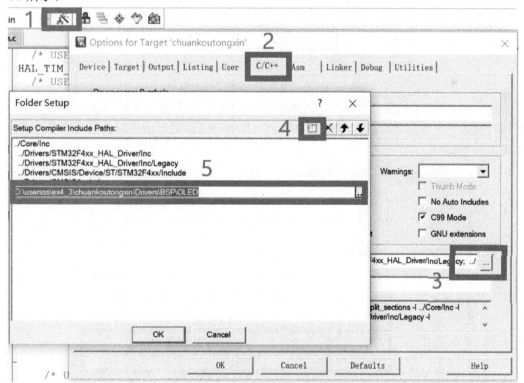

图 4-32 添加 OLED 驱动程序路径

第五步：打开"main.h"文件，将头文件中的"#include "BSP_OLED.h"语句添加到
头文件"/* USER CODE BEGIN Includes */"位置，如图 4-33 所示。

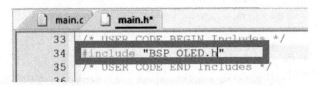

图 4-33　添加 "#include "BSP_OLED.h" 头文件

第六步：打开 "main.c" 文件，添加 OLED 初始化函数，如图 4-34 所示。

```
main.c*    main.h*    BSP_OLED.h
109        /* USER CODE BEGIN 2 */
110    HAL_TIM_Base_Start(&htim2);
111
112    BSP_OLED_Init();    //初始化
113        /* USER CODE END 2 */
114
```

图 4-34　添加 OLED 初始化函数到主函数中

第七步：在 "main.c" 中定义长度为 16 的全局变量字符串数组并初始化，用来存放需要显示的数据，如图 4-35 所示。

```
main.c*    main.h*    BSP_OLED.h
82    int main(void)
83  □ {
84      /* USER CODE BEGIN 1 */
85    uint16_t Result=0;
86    char str1[16]={0};
87      /* USER CODE END 1 */
88
```

图 4-35　定义长度为 16 的字符串数组

由于 "sprintf" 函数第三个输入参数为浮点数，因此需要对整型变量 "Result" 使用 "(float)" 强制转换为浮点数，才可以在 OLED 中显示。其中 OLED 的显示坐标设置为 "48，24"，如图 4-36 所示。

```
main.c*    main.h    BSP_OLED.h
117        /* USER CODE BEGIN WHILE */
118    while (1)
119  □ {
120      if(HAL_GPIO_ReadPin(B1_GPIO_Port ,B1_Pin)==0)
121  □   {
122        HAL_Delay (100);
123        if(HAL_GPIO_ReadPin(B1_GPIO_Port ,B1_Pin)==0)
124  □     {
125          HAL_GPIO_WritePin(PULSE_GPIO_Port ,PULSE_Pin,GPIO_PIN_SET );
126          HAL_Delay(1);
127          HAL_GPIO_WritePin(PULSE_GPIO_Port ,PULSE_Pin,GPIO_PIN_RESET );
128          HAL_Delay(1);
129          Result = __HAL_TIM_GET_COUNTER(&htim2 );
130          printf("\n\r count=%d \n\r" ,Result);
131          sprintf(str1,"count=%.2f",(float)Result);//拷贝字符串
132          BSP_OLED_ShowString(48,24,str1);// 显示字符串
133          BSP_OLED_Refresh();// 更新显示
134
135        }
136      }
137        /* USER CODE END WHILE */
```

图 4-36　在 OLED 显示脉冲计数值代码

编译并下载程序，打开 PC 的串口调试助手，配置好参数，接收串口数据。使用杜邦

线连接开发板的 PA0 和 PA1 管脚，按下 KEY0 按键，扩展板 OLED 和 PC 的串口调试助手
会同步显示脉冲计数值，如图 4-37 所示。

图 4-37　在 OLED 显示脉冲计数值

EX4_6　单片机输出 PWM 信号

使用单片机 PA5 管脚输出周期为 2 秒、占空比为 50% 的 PWM 信号，控制开发板上
的 LD2 指示灯。

第一步：使用 STM32CubeMX 新建工程，选择单片机型号 STM32F411RE，配置 PA5
管脚为定时器 2 的 PWM 输出通道 1(TIM2_CH1)，如图 4-38 所示。设置定时器 2(TIM2)
为内部时钟控制，即选择 Timers→TIM2→Clock Source→Internal Clock，通道 1 设置为第
一通道 Channel1→PWM Generation CH1，设置定时器参数，如图 4-39 所示。

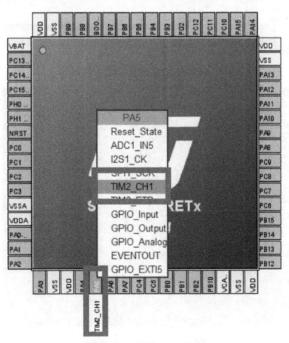

图 4-38　配置 PA5 管脚

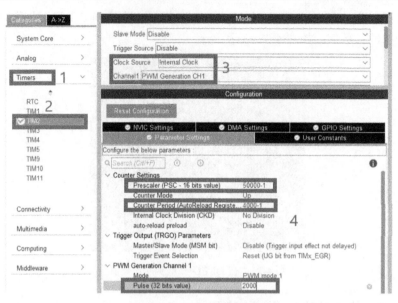

图 4-39　设置定时器参数

第二步：配置时钟。配置完成后设置工程名称和存储路径，开发工具选择为 MDK-ARM，生成代码，打开工程。

第三步：修改程序，输出 PWM，如图 4-40 所示。编译并烧录程序至开发板。实验结果如图 4-41 所示。

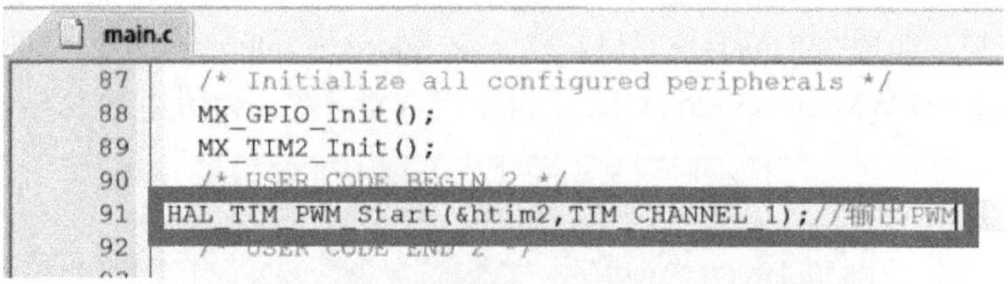

```
main.c
87        /* Initialize all configured peripherals */
88    MX_GPIO_Init();
89    MX_TIM2_Init();
90        /* USER CODE BEGIN 2 */
91    HAL_TIM_PWM_Start(&htim2,TIM_CHANNEL_1);//输出PWM
92        /* USER CODE END 2 */
```

图 4-40　添加输出 PWM 函数程序

图 4-41　实验效果展示

EX4_7　控制 PWM 占空比实现呼吸灯效果

使用单片机 PA5 管脚输出频率为 50 Hz、占空比可变的 PWM 信号，控制开发板上的 LD2 指示灯，实现呼吸灯效果。

第一步：使用 STM32CubeMX 新建工程，选择单片机型号 STM32F411RE，配置 PA5 管脚为定时器 2 的 PWM 输出通道 1(TIM2_CH1)，配置好的管脚如图 4-42 所示。设置定时器 2(TIM2)为内部时钟控制，即选择 Timers→TIM2→Clock Source→Internal Clock，设置通道 1 为第一通道，即选择 Channel1→PWM Generation CH1，设置定时器参数，如图 4-43 所示。

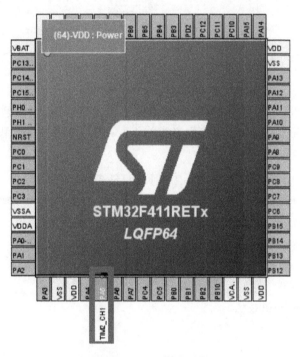

图 4-42　PA5 管脚配置

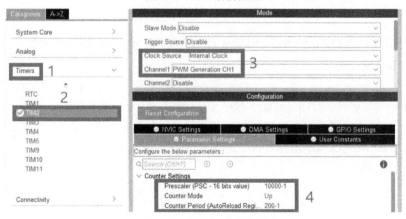

图 4-43　设置定时器参数

第二步：配置时钟，修改 HCLK 为 100 MHz，如图 4-44 所示。配置完成后设置工程名称和存储路径，开发工具选择为 MDK-ARM，生成代码，打开工程。

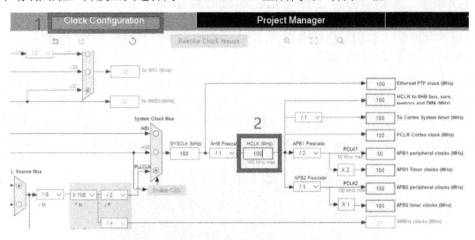

图 4-44　修改定时器时钟图

　　第三步：修改程序，输出 PWM，设置占空比为 0~50%实现呼吸灯效果，占空比由 0 增加到 50%，再由 50%减小到 0，如程序清单 4-2 所示，编译并烧录程序至开发板，观察实验结果。

程序清单 4-2　呼吸灯任务主程序

```
1./* USER CODE BEGIN 2 */
2.HAL_TIM_PWM_Start(&htim2 ,TIM_CHANNEL_1);//启动定时器 2 的通道 1
3./* USER CODE END 2 */
4./* Infinite loop */
5../* USER CODE BEGIN WHILE */
6.while (1)
7..{
8..for(int Duty=0;Duty<100;Duty+=10)
9.{
10.    __HAL_TIM_SET_COMPARE(&htim2,TIM_CHANNEL_1,Duty);//设置高电平计数值
11.    HAL_Delay(50);
12.}
13.for(int Duty1=100;Duty1>=0;Duty1=Duty1-10)
14.{
15.    __HAL_TIM_SET_COMPARE(&htim2,TIM_CHANNEL_1,Duty1);
16.    HAL_Delay(50);
17.}
18.}
19. /* USER CODE END WHILE */
```

程序解析:

(1) 第 2 行调用 PWM 轮询方式启动函数 HAL_TIM_PWM_Start(),启动定时器 2 的通道 1 输出 PWM 信号。

(2) 第 8～16 行中第 8 行利用 for 循环改变占空比,步进 10 行。占空比由 0 增大到 50%,再由 50% 减小到 0,每次增加 10%。其中第 10 行和第 15 行调用捕获/比较设置函数 __HAL_TIM_SET_COMPARE(),修改 TIM2_CCR1 寄存器中的内容,即修改 PWM 信号的占空比。

呼吸灯实验效果如图 4-45 所示。

图 4-45 呼吸灯实验效果展示

 EX4_8 使用定时器捕获功能实现脉冲信号频率测量

参考原教材第八章 8.5.4 节,使用单片机 PA0 管脚作为定时器 2 的输入捕获管脚,使用 PA6 作为定时器 3 的 PWM 输出管脚,使用杜邦线连接 PA0 和 PA6,编写程序,在 PA6 管脚产生不同频率、不同占空比的方波,使用 PA0 管脚测量输入信号的频率、占空比,通过串口将测试结果输出到 PC 串口调试软件显示。

第一步:使用 STM32CubeMX 新建工程,选择单片机开发板型号 NUCLEO-F411RE,使用外设配置时的默认引脚配置,不需要再进行引脚分配。配置定时器 2 的输入捕获功能,选择 Timers→TIM2,将时钟源(Clock Source)设置为内部时钟(Internal Clock);通道 1(Channel1)设置为输入捕获,捕获通道为直接输入方式(Input Capture direct mode),并修改 Counter Period 为 0xFFFFFFFF;设置完成后点击下方 NVIC Settimgs 标签页,使能 TIM2

的全局中断，具体过程如图 4-46 所示。

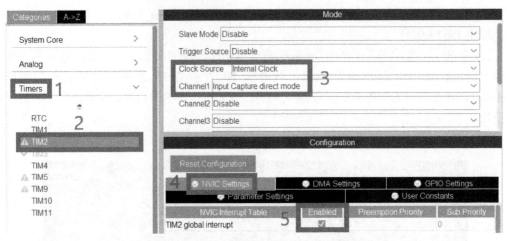

图 4-46　配置定时器 2 输入捕获功能流程

第二步：配置定时器 3 的 PWM 输出功能，选择 Timers→TIM3，将时钟源(Clock Source)设置为 Internal Clock，通道 1(Channel1)设置为 PWM Generation CH1，设置完成后点击下方 Configuration 栏中的 Parameter Settings 标签页，设置 Prescaler 为 999，Counter Period 为 9，Pulse 为 1(即 10%的占空比)，具体过程如图 4-47 所示。

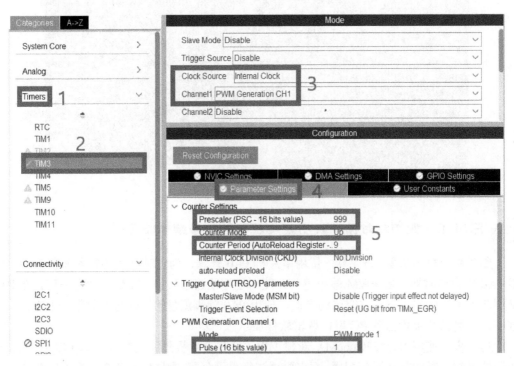

图 4-47　配置定时器 3 输出功能流程

第三步：修改定时器时钟。工程默认值为 84 MHz，为了便于计算，修改为 100 MHz，具体过程如图 4-48 所示。修改完成后，设置工程名称、存储路径，选择开发工具为"MDK-ARM"，生成代码。

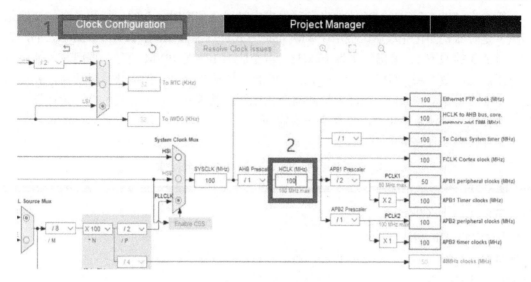

图 4-48　修改定时器时钟图

第四步：生成 MDK 工程后，进行应用程序的编写。首先添加头文件和串口重定向以确保串口通信功能可以实现。在"main.c"中添加头文件"stdio.h"(该头文件中有"printf"函数定义)，如图 4-49 所示。

```
main.c
21  #include "main.h"
22
23  /* Private includes ---------------
24  /* USER CODE BEGIN Includes */
25  #include "stdio.h"
26  /* USER CODE END Includes */
```

图 4-49　加入头文件

第五步：在"main.c"中加入串口重定向语句，如图 4-50 所示。该段代码可以从 stm32 官方固件包的串口通信(UART)例程代码中复制过来，注意修改输入参数名称。

```
main.c
64  /* USER CODE BEGIN 0 */
65  #ifdef __GNUC__
66    /* With GCC, small printf (option LD Linker->Libraries->Small printf
67      set to 'Yes') calls __io_putchar() */
68    #define PUTCHAR_PROTOTYPE int __io_putchar(int ch)
69  #else
70    #define PUTCHAR_PROTOTYPE int fputc(int ch, FILE *f)
71  #endif /* __GNUC__ */
72    PUTCHAR_PROTOTYPE
73  {
74    /* Place your implementation of fputc here */
75    /* e.g. write a character to the EVAL_COM1 and Loop until the end of transmission */
76    HAL_UART_Transmit(&huart2, (uint8_t *)&ch, 1, 0xFFFF);
77
78    return ch;
79  }
80  /* USER CODE END 0 */
```

图 4-50　在主函数加入串口重定向代码

第六步：STM32 CubeMX 软件将自动生成定时器 2 和定时器 3 的句柄和各自的初始化函数。定时器初始化完成后，调用 PWM 轮询方式启动函数 HAL_TIM_PWM_Start()，启动定时器 3 的通道 1，输出频率为 10 kHz、占空比为 10%的 PWM 信号。调用输入捕获中断方式启动函数 HAL_TIM_IC_Start_IT()，使能定时器 2 通道 1 的捕获中断功能，并启动定时器 2 运行。在 while(1)循环中检测捕获完成标志是否置位，一旦置位就开始计算信号的各类参数，并清除标志位，启动下一次捕获。

具体代码如程序清单 4-3 所示。

程序清单 4-3　信号测量任务的主程序

```
1./* USER CODE BEGIN PV */
2.uint32_t CapVal[3]={0};
3.uint32_t CapIndex=0;
4.volatile  uint32_t CapFlag=0;
5.uint32_t Period=0;
6.uint32_t HighTime=0;
7./* USER CODE END PV */
8.int main(void)
9.{
10.   /* USER CODE BEGIN 2 */
11.   printf("/* Timer Capture Function */ \n");
12.   HAL_TIM_PWM_Start(&htim3,TIM_CHANNEL_1);
13.   HAL_Delay(1000);
14.   HAL_TIM_IC_Start_IT(&htim2,TIM_CHANNEL_1);
15.   HAL_TIM_Base_Start(&htim2);//启动定时器 2
16.   HAL_TIM_Base_Start(&htim3);//启动定时器 3
17.   /* USER CODE END 2 */
18.   while (1)
19.   {
20.        /* USER CODE BEGIN 3 */
21.        if(CapFlag)
22.        {    if(CapVal[2]>=CapVal[0])
23.            {
24.                 Period=CapVal[2]-CapVal[0];
25.            }
26.            else
27.            {
```

```
28.              Period=0xFFFFFFFF+1-CapVal[0]+CapVal[2];
29.          }
30.    printf("Period    : %.2fms\n",Period/100000.0);
31.    printf("Frequency: %2fHz\n",100000000/Period);
32.    if(CapVal[1]>=CapVal[0])
33.    {
34.        HighTime = CapVal[1]-CapVal[0];
35.    }
36.    else
37.    {
38.        HighTime=0xFFFFFFFF+1-CapVal[0]+CapVal[1];
39.    }
40.    printf("High : %.2fms\n",HighTime/100000.0);
41.    printf("Duty : %.1f%%\n",HighTime*100.0/Period);
42.    printf("***************************\n");
43.    CapFlag=0;
44.    HAL_Delay(1000);
45.    HAL_TIM_IC_Start_IT(&htim2,TIM_CHANNEL_1);
46.      }
47.  }
48. /* USER CODE END 3 */
49.}
```

程序解析:

(1) 第 2 行定义了一个有三个元素的一维数组 CalVal, 用于存放发生捕获时的捕获值: CalVal[0]存放第一次上升沿的捕获值, CalVal[1]存放第一次下降沿的捕获值, CalVal[2]存放第二次上升沿的捕获值。

(2) 第 3 行定义了一个捕获状态指示变量 CapIndex, 用于指示发生捕获的次数: 0 表示没有开始捕获, 1 表示完成一次捕获, 2 表示完成两次捕获。CapIndex 的初值赋为 0, 表示没有开始捕获。

(3) 第 4 行定义了一个捕获完成标志 CapFlag。CapFlag 是一个二值标志, 具备布尔特性, 为 0 时表示捕获未完成, 为 1 时表示捕获完成。CapFlag 的初值赋为 0, 表示捕获未完成。

(4) 第 5 行定义了变量 Period, 用于存放信号的周期。

(5) 第 6 行定义了变量 HighTime, 用于存放高电平脉冲宽度。

(6) 第 11 行调用格式化输出函数 printf()发送提示信息。

(7) 第 12 行调用 PWM 轮询方式启动函数 HAL_TIM_PWM_Start 启动定时器 3 通道 1

输出频率为 10 kHz、占空比为 10%的 PWM 信号。

(8) 第 14 行调用输入捕获中断方式启动函数 HAL_TIM_IC_Start_IT()，使能定时器 2 通道 1 的捕获中断，并启动定时器 2 运行。

(9) 第 21 行使用 if 语句判断捕获完成标志是否为真。

(10) 第 22～29 行计算两次上升沿之间的捕获差值，用于计算信号的周期。当信号周期在同一个计数周期内时，捕获差值等于 CapVal[2] – CapVal[0]；当信号周期不在同一个计数周期内时，捕获差值等于 ARR + 1 – CapVal[0] + CapVal[2]。

(11) 第 30 和 31 行计算信号的周期和频率，并通过串口发送到 PC 显示。需要注意的是：在计算过程中周期的单位用的是 ms，频率的单位用的是 Hz。

(12) 第 32～39 行计算第一次下降沿和第一次上升沿之间的捕获差值，用于计算高电平脉冲宽度。当高电平脉宽在同一个计数周期内时，捕获差值等于 CapVal[1] – CapVal[0]；当高电平脉宽不在同一个计数周期内时，捕获差值等于 ARR + 1 – CapVal[0] + CapVal[1]。

(13) 第 40 和 41 行计算高电平的脉冲宽度以及 PWM 信号的占空比，并通过串口发送到 PC 显示。需要注意的是：在计算过程中脉冲宽度的单位用的是 ms，占空比则需要按照百分比换算。

(14) 第 43～45 行清除捕获完成标志 CapFlag，然后延时 1 s 再启动下一次信号测量。

第七步：stm32f4xx_it.c 中已经生成了定时器 2 的捕获中断回调函数框架，在其中添加捕获中断回调函数内容。

具体代码如程序清单 4-4 所示。

程序清单 4-4　定时器捕获中断回调函数的主程序

```
1.void TIM2_IRQHandler(void)
2.{
3.   /* USER CODE BEGIN TIM2_IRQn 0 */
4.   /* USER CODE END TIM2_IRQn 0 */
5. HAL_TIM_IRQHandler(&htim2);
6. /* USER CODE BEGIN TIM2_IRQn 1 */
7.switch(CapIndex)
8.{
9.    case 0:
10.   {
11.       CapVal[0]=HAL_TIM_ReadCapturedValue(&htim2,TIM_CHANNEL_1 );
12.       __HAL_TIM_SET_CAPTUREPOLARITY(&htim2,TIM_CHANNEL_1   ,TIM_INPUTCHANNELPOLARITY_FALLING);
13.       CapIndex=1;
14.       break;
```

```
15.}
16.   case 1:
17.   {
18.          CapVal[1]=HAL_TIM_ReadCapturedValue(&htim2,TIM_CHANNEL_1 );
19.   __HAL_TIM_SET_CAPTUREPOLARITY(&htim2,TIM_CHANNEL_1 ,TIM_INPUTCHANNELPOLARI
          TY_RISING);
20.          CapIndex=2;
21.          break;
22.   }
23.   case 2:
24.   {
25.          CapVal[2]=HAL_TIM_ReadCapturedValue(&htim2,TIM_CHANNEL_1 );
26.          HAL_TIM_IC_Stop_IT(&htim2,TIM_CHANNEL_1);
27.          CapIndex=0;
28.          CapFlag=1;
29.          break;
30.   }
31.   default:
32.   {
33.          Error_Handler ();
34.          break;
35.   }
36.}
37./* USER CODE END TIM2_IRQn 1 */
38.}
```

程序解析:

(1) 第 9～15 行是将第一次上升沿的捕获值存放到 CapVal[0],修改捕获方式为下降沿,修改捕获状态指示变量 CapIndex。

(2) 第 16～22 行是将第一次下降沿的捕获值存放到 CapVal[1],然后修改捕获方式为上升沿,并修改捕获状态指示变量 CapIndex。

(3) 第 23～28 行是将第二次上升沿的捕获值存放到 CapVal[2],然后停止捕获,重置捕获状态指示变量 CapIndex,设置捕获完成标志 CapFlag。

(4) 第 29～35 行是出现错误状态时候的处理。

第八步:编译并下载程序,使用杜邦线连接开发板的 PA0 和 PA6 管脚,打开串口调试软件,实验结果如图 4-51 所示。

图 4-51　在串口显示数字频率计输出值

读者可以改变 tim3 输出的 PWM 信号频率，或者使用信号源输入不同频率和占空比的方波，测试该程序在多大频率和占空比范围内，输出数据是正确的。

EX4_9　使用定时器输入捕获法设计频率计

修改实验 EX4_8 程序，使用定时器输入捕获法，参考实验 EX2_9，添加 OLED 驱动程序 BSP，将频率在 OLED 上显示，实现简单数字频率计功能。

第一步：打开实验 EX4_8 的 STM32CubeMX 工程文件，按照实验 EX4_5 中的方式，添加 OLED 控制所需的管脚分配、初始化代码。

第二步：在主函数的 while()循环中的合适位置，添加代码，将测试结果在 OLED 上显示。主要代码如程序清单 4-5 和 4-6 所示。

程序清单 4-5　在 OLED 显示测量频率和周期程序

```
1.sprintf(str1,"Period: %.2fms",Period/100000.0f);//拷贝周期字符串到数组
2.BSP_OLED_ShowString(0,0, str1);//显示周期
3.BSP_OLED_Refresh();//更新显示
4.sprintf(str1,"Freq: %.2fHz ",100000000.0f/Period);//拷贝频率字符串到数组
5.BSP_OLED_ShowString(0,16, str1);//显示频率
6.BSP_OLED_Refresh();//更新显示
```

程序清单 4-6　在 OLED 显示高电平时间和占空比程序

```
1.　　sprintf(str1,"HighTime: %.2fms",HighTime/100000.0f);//拷贝周期字符串
2.　　BSP_OLED_ShowString(0,32, str1);//显示周期
```

3.   BSP_OLED_Refresh();//更新显示

4.   sprintf(str1,"Duty: =%.1f%% ",HighTime*100.0f/Period);//拷贝字符串

5.   BSP_OLED_ShowString(0,48, str1);//显示频率

6.   BSP_OLED_Refresh();//更新显示

第三步：编译并下载程序，实验结果如图 4-52 所示。

图 4-52　在 OLED 显示数字频率计测量值

读者可以去掉 PA6 管脚的杜邦线，使用信号源给开发板上的 PA0 和 GND 输入不同频率的方波信号，方波幅值为 3 V，直流偏移为 1.5 V，测试频率计的测量范围和误差。

 EX4_10　使用定时器外部脉冲计数法设计频率计

在实验 EX4_5 的基础上，添加定时器 3，使用 PWM 通过 PC6 输出方波。使用杜邦线将 PC6 管脚接到 PA0 管脚。参考实验 EX4_1，添加一个定时器 10，计时一秒钟产生中断，在中断响应函数中，统计 PA0 管脚接收到的脉冲计数值，即为信号的频率。

第一步：打开实验 EX4_5 的 STM32CubeMX 工程文件，配置 PC6 管脚为定时器 3 的 PWM 输出通道 1(TIM3_CH1)如图 4-53 所示。设置定时器 3(TIM3)为内部时钟控制(选择

Timers→TIM3→Clock Source→Internal Clock)，通道 1 设置为第一通道(选择 Channel1→
PWM Generation CH1)，设置定时器参数，输出频率为 1 kHz、占空比为 50%的 PWM，如
图 4-54 所示。

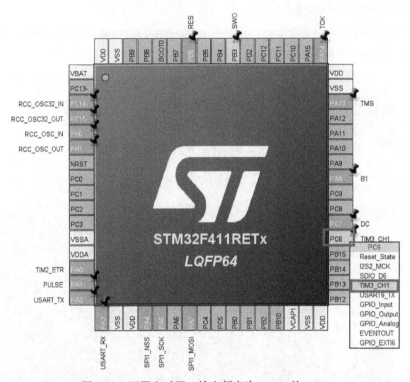

图 4-53　配置定时器 3 输出频率为 1 kHz 的 PWM

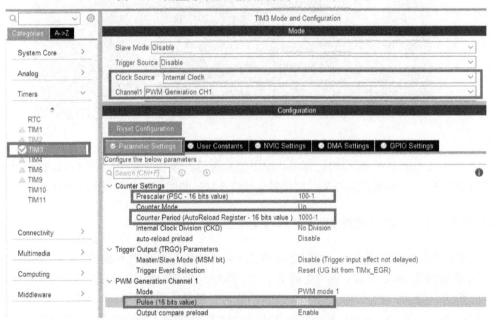

图 4-54　配置定时器 3 输出频率为 1 kHz 的 PWM

　　第二步：配置时钟，修改 HCLK 为 100 MHz，如图 4-40 所示。配置完成后设置工程名称、存储路径，开发工具选择为 MDK-ARM。

　　第三步：参考实验 EX4_1 中的图 4-5 和图 4-6，设置 TIM10 的计时周期为 1 秒并使能中断。生成代码，打开工程。

　　第四步：在 main.c 程序中，定义全局变量 uint8_t timeFlag=0；在主函数中，添加 PWM 输出和脉冲计数的代码，如程序清单 4-7 所示。

程序清单 4-7　在主函数添加 PWM 输出和脉冲计数的代码程序

```
1. /* USER CODE BEGIN 2 */
2. HAL_TIM_Base_Start(&htim2);//启动定时器 2
3. HAL_TIM_Base_Start_IT(&htim10);//启动定时器 10 中断
4. HAL_TIM_Base_Start(&htim10);//启动定时器 10
5. HAL_TIM_PWM_Start(&htim3,TIM_CHANNEL_1);//定时器 3 开始输出 PWM
6.    HAL_TIM_Base_Start(&htim3);//启动定时器 3
7.    BSP_OLED_Init();   //初始化 OLED
8.    /* USER CODE END 2 */
9.    /* Infinite loop */
10.    /* USER CODE BEGIN WHILE */
11.    while (1)
12.    {
13.      /* USER CODE END WHILE */
14.      /* USER CODE BEGIN 3 */
15.        if(timeFlag==1)
16.            {
17.            HAL_TIM_Base_Stop(&htim2);//停止定时器 2 计数
18.            Result=__HAL_TIM_GET_COUNTER(&htim2);//读取定时器 2 的计数值
19.            MX_TIM2_Init();//重新初始化定时器 2，让计数寄存器清零，一边开始下一次计数
20.            printf("\n\r Freq= %d.\n\r",Result);//串口输出每秒脉冲计数值，即信号频率
21.            sprintf(str1,"Freq=%.2f",(float)Result);//拷贝字符串
22.            BSP_OLED_ShowString(24,24, str1);//oled 显示每秒脉冲计数值，即信号频率
23.            BSP_OLED_Refresh();//oled 更新显示
24.            timeFlag=0;//时间标志位清零;
25.            HAL_TIM_Base_Start(&htim2);
26.            HAL_TIM_Base_Start(&htim10);
27.                }
28.    }
```

程序解析：

(1) 定时器 3 输出 1 kHz 的方波，定时器 2 采用外部脉冲计数模式。定时器 10 每隔 1 秒产生一次中断，在"stm32f4xx_it.c"定时器 10 的中断响应函数中，将时间标志位 timeFlag 置 1。

(2) 第 3 行和第 4 行，启动定时器 10 的中断，并启动定时器 10，注意两行程序的先后顺序不要反了。

(3) 第 11 行主函数的 while 循环中，一直查询 timeFlag 的值，1 表示 1 秒的计时时间到了，开始读取定时器 2 的计数值，就是输入 PA0 管脚信号频率值。

(4) 第 20~23 行，信号频率通过串口输出，并同时在 OLED 上显示。

第五步：在"stm32f4xx_it.c"程序中，声明外部全局变量 extern uint8_t timeFlag；在定时器 10 的中断响应函数中，添加停止定时器 10 计时及时间标志位 timeFlag 置 1 数的代码，如图 4-55 所示。

```
202  /**
203   * @brief This function handles TIM1 update interrupt and TIM10 global interrupt.
204   */
205  void TIM1_UP_TIM10_IRQHandler(void)
206  {
207    /* USER CODE BEGIN TIM1_UP_TIM10_IRQn 0 */
208
209    /* USER CODE END TIM1_UP_TIM10_IRQn 0 */
210    HAL_TIM_IRQHandler(&htim10);
211    /* USER CODE BEGIN TIM1_UP_TIM10_IRQn 1 */
212    HAL_TIM_Base_Stop(&htim10);//停止定时器10计时
213    timeFlag=1;//时间标志位置1，表示1秒到了
214    /* USER CODE END TIM1_UP_TIM10_IRQn 1 */
215  }
```

图 4-55　定时器 10 的中断响应函数

第六步：编译并烧录程序至开发板，使用杜邦线连接 PA0 和 PC6，查看实验结果，如图 4-56 和图 4-57 所示。

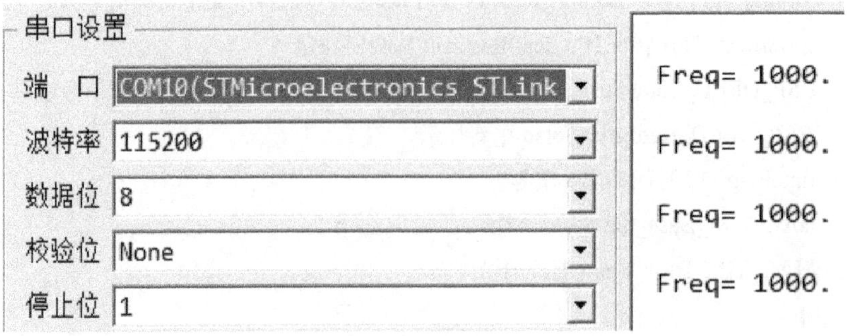

图 4-56　串口输出信号频率

图 4-57　在 OLED 显示脉冲信号的频率

　　读者可以去掉 PC6 管脚的杜邦线，使用信号源给开发板的 PA0 和 GND 输入不同频率的方波信号，方波幅值为 3 V，直流偏移为 1.5 V。测试频率计的测量范围和误差，并从这两个方面与实验 EX4_9 进行比对。

四、实验总结

　　(1) 定时器可以作为定时使用，也可以作为外部脉冲计数器使用，也可以输出 PWM方波，频率和占空比可调。

　　(2) 由本实验的知识可知数字频率计有多种设计方案。

五、实验作业

　　(1) 实验 EX4_9 和 EX4_10 作为频率计，能准确测试输入脉冲的频率最高为多少？使用信号源测量，给出频率测量的上下限。

　　(2) 如果要提高测量频率的上限，将主时钟频率提高可以解决问题吗？STM32F411RE的最高主频是多少？APB1 timer 时钟最高能到多少？提高主时钟频率到极限，修改实验

EX4_9 和 EX4_10 程序，然后测试最高的频率测量范围。

(3) 修改实验 EX4_9 和 EX4_10 程序，使得频率测量范围的下限达到 0.5 Hz。

(4) 使用定时器计时方式，结合数码管，实现 24 秒倒计时并在数码管显示。

(5) 修改实验 EX4_9 或者 EX4_10 程序，使用数码管显示测量的频率值。

(6) 修改实验 EX4_5 程序，实现外部脉冲计数值同时在 OLED 和数码管显示。

(7) 修改实验 EX4_9 程序，使用数码管显示方式和输入捕获实现数字频率计。

(8) 修改实验 EX4_10 程序，使用数码管显示方式和脉冲计数实现数字频率计。

(9) 本实验设计的数字频率计仅对周期性方波信号有效，如果输入信号是正弦波，可以测量吗？提示：正弦波频率测量可以从软件和硬件两个方向思考。

实验五 串 口 通 信

一、实验目的

(1) 掌握 STM32F411 单片机串口通信原理。
(2) 使用轮询、中断、DMA 等方式实现串口通信。

二、实验内容

(1) 使用串口实现固定长度的数据收发。
(2) 添加串口重定向函数，使用 printf 和 scanf 进行数据收发。
(3) 使用中断方式和简单通信协议实现串口收发。
(4) 使用 OLED 显示串口接收到的数据。
(5) 使用 DMA 方式实现不定长数据接收。

三、具体实验

 EX5_1 使用串口实现固定长度的数据的收发

单片机使用查询方式，通过串口接收五个字节，然后将收到的数据传回 PC。新建工程时，开发板默认的波特率为 115 200，无校验位，停止位为 1 位，数据位为 8 位，在 PC 端的串口调试软件也要做同样设置。另外，发送和接收都用字符模式。

第一步：打开 STM32CubeMX，选择开发板型号 NUCLEO-F411RE，新建工程，使用默认配置。进入配置界面，在左侧工具栏选择通信 "Connectivity" → 串口 "USART2"，可看到串口通信管脚默认分配为 PA2 和 PA3，其中 PA2 管脚属性为串口发送 "USART_TX"，PA3 管脚属性为串口接收 "USART_RX" 如图 5-1 所示，串口通信波特率为 115 200，数据位为 8 位，停止位为 1 位，无奇偶校验位，如图 5-2 所示。

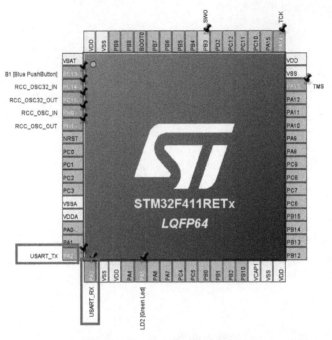

图 5-1 串口通信管脚默认分配

图 5-2 串口通信管脚默认参数配置

第二步：进入工程管理界面，设置工程名称，存储路径，开发工具选择为 MDK-ARM，生成代码。

第三步：打开 MDK 工程文件，在 MDK 的工程设置窗口中，点击(Target)勾选 Use MicroLIB，才可以使用 printf()和 scanf()函数，如图 5-3 所示。

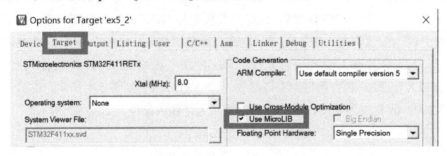

图 5-3 勾选 Use MicroLIB

查看 main.c 文件，可以看到 STM32CubeMX 软件自动生成串口 2 的句柄 huart2，初始化函数 MX_USART2_UART_Init( )。

在 main.c 中定义一个 uint8_t 类型的 RxBuffer[5]，数组的大小为 5，用来存储接收到的数据，如图 5-4 所示。

```
main.c
77       /* USER CODE BEGIN Init */
78    uint8_t RxBuffer[5];//新建数组，存储接收到的数据
79       /* USER CODE END Init */
```

图 5-4　新建数组存储数据程序

在 while(1)循环中加入条件判断语句，调用 HAL_UART_Receive()函数接收数据。函数的入口参数是串口句柄 huart2 的地址、存放接收数据的首地址 RxBuffer(数组名代表数组的首地址)、接收数据个数、超时等待时间，通过条件语句 if 判断，若接收到 5 字节，则返回值 HAL_OK，表示接收成功。

然后调用 HAL_UART_Transmit( )函数将数据传输回 PC，函数的入口参数是串口句柄 huart2 的地址、存放接收数据的首地址 RxBuffer、发送数据个数、超时等待时间，程序如图 5-5 所示。

```
main.c*
96       /* USER CODE BEGIN WHILE */
97    while (1)
98    {
99      if(HAL_UART_Receive(&huart2,RxBuffer,5,10)==HAL_OK)//判断是否收到5个字节
100     {
101       HAL_UART_Transmit(&huart2,RxBuffer,5,10);//传输回pc机
102     }
103     /* USER CODE END WHILE */
```

图 5-5　串口接收和发送程序

第四步：编译并下载程序，在 PC 上打开串口调试助手，配置串口通信参数，注意参数和单片机端保持一致。使用串口调试助手发送"xupt1"，接收单片机回传的数据，观察实验结果，如图 5-6 和图 5-7 所示。

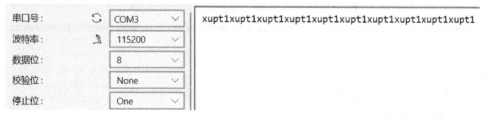

图 5-6　使用串口助手接收字符串

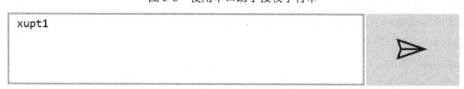

图 5-7　使用串口助手发送字符串

EX5_2　使用 printf 实现串口重定向

　　HAL 库提供的串口收发函数功能比较简单，不能进行格式化的输入/输出。如果要实现类似 C 语言中的格式化输入/输出，需要把 printf() 的输出和 scanf() 的输入重新定向到串口。由于 printf() 函数通过调用 fputc() 函数来实现数据的输出，scanf() 函数通过调用 fgetc() 函数来实现数据的输入，因此需要用户修改这两个函数实现串口重定向。

　　本实验通过串口重定向后的 printf() 和 scanf() 函数，实现如下功能：当单片机判断收到的数据是"open"时，点亮 LD2 指示灯；当单片机判断收到的数据是"close"时，熄灭 LD2 指示灯。

　　使用 PC 发送命令的时候，输出的字符串后面必须加一个空格，否则单片机认为这个字符串没有完毕，会一直在等待，不做相应的操作。

　　第一步：选择开发板型号 NUCLEO-F411RE，新建工程，使用默认配置。进入工程管理界面，设置工程名称，存储路径，开发工具选择为 MDK-ARM，生成代码。

　　第二步：打开 MDK 工程，在 MDK 软件的工程设置窗口中，在工具栏 Target 中，勾选 Use MicroLIB。

　　第三步：修改程序，由于在主程序中调用了 printf( ) 和 scanf( ) 函数，需要添加标准输入/输出头文件 stdio.h。同时，程序也调用了字符串比较函数 strcmp()，因此需要添加字符串处理相关头文件 string.h，如图 5-8 所示。

```
main.c*
25    /* USER CODE BEGIN Includes */
26    #include "stdio.h" //包含标准输入输出头文件
27    #include "string.h" //包含字符串头文件
28    /* USER CODE END Includes */
29
```

图 5-8　添加头文件

　　第四步：编写应用程序。本实验需要编写 fputc() 函数和 fgetc() 函数，然后在 while(1) 循环中调用 printf() 函数和 scanf() 函数实现控制程序，具体代码如程序清单 5-1 和 5-2 所示。

程序清单 5-1　串口重定向任务主程序

```
1.#include "main.h"
2./* USER CODE BEGIN PD */
3.#define LENGTH 100 //数据缓冲区长度的宏定义
4./* USER CODE END PD */
5./* USER CODE BEGIN PV */
6.uint8_t RxBuffer[LENGTH]; //定义数组作为数据缓冲区
7./* USER CODE END PV */
8.int main(void)
9.{
10./* USER CODE BEGIN 2 */
```

```
11.printf("/******LED Control Demo******");
12.printf("open-------open   LD2\n");
13.printf("open-------close LD2\n");
14.printf("Please input your choice\n");
15. /* USER CODE END 2 */
16./* Infinite loop */
17./* USER CODE BEGIN WHILE */
18.while (1)
19.{
20.        if(scanf("%s",RxBuffer)==1)//判断是否收到数据
21.        {
22.            if(strcmp((const char*)RxBuffer,"open")==0)
23.            {
24.                printf("open LD2!\r\n");
25.                HAL_GPIO_WritePin(LD2_GPIO_Port,LD2_Pin,GPIO_PIN_SET);
26.            }
27.            else if(strcmp((const char*)RxBuffer,"close")==0)
28.            {
29.                printf("close LD2!\r\n");
30.                HAL_GPIO_WritePin(LD2_GPIO_Port,LD2_Pin,GPIO_PIN_RESET);
31.            }
32.        else
33.            {
34.                printf("\r\n input error,please input again:\r\n");
35.            }
36.        }
37.    /* USER CODE END WHILE */
38.    /* USER CODE BEGIN 3 */
39. }
40. /* USER CODE END 3 */
41. }
```

程序解析：

(1) 第 3 行定义了宏常量 LENGTH，代表数据缓冲区的长度。使用宏常量的目的是便于修改数据缓冲区的长度，提高程序的可移植性。

(2) 第 6 行定义了一个长度为 LENGTH 的数组 RxBuffer 作为数据缓冲区，用于存放接收的数据。

(3) 第 11～14 行调用 printf()函数打印出控制台程序支持的命令清单，提供了以下两个

命令：open 命令用于开启指示灯 LD2，close 命令用于关闭指示灯 LD2。

（4）第 20 行调用 scanf()函数从串口读取一个字符串，存放在数组 RxBuffer 中。scanf()函数的返回值表示成功读入的数据数目。

（5）第 22～26 行判断用户输入的命令是不是"open"。字符串的判断调用了字符串比较函数 strcmp()实现。如果输入的命令是"open"，则调用接口函数 HAL_GPIO_WritePin()开启指示灯 LD2，并调用 printf()函数发送提示信息。

（6）第 27～31 行判断用户输入的命令是不是"close"。如果输入的命令是"close"则关闭指示灯 LD2，并调用 printf()函数发送提示信息。

（7）第 32～35 行是对错误命令的处理。如果用户输入的命令有误，则调用 printf()函数发送错误提示信息。

程序清单 5-2　串口重定向函数

```
1./* USER CODE BEGIN 4 */
2.int fputc(int ch, FILE *f)//串口重定向
3.{
4.    HAL_UART_Transmit(&huart2, (uint8_t *)&ch, 1, HAL_MAX_DELAY);
5.    return ch;
6.}
7.int fgetc(FILE *f)
8.{
9.    uint8_t ch;
10.    HAL_UART_Receive( &huart2, (uint8_t *)&ch, 1, HAL_MAX_DELAY);
11.    return ch;
12.}
13./* USER CODE END 4 */
```

程序解析：

（1）第 2～6 行是函数 fputc( )实现。函数的入口参数 ch 是需要发送的字符，f 表示文件指针(在串口重定向中 f 这个文件指针并没有使用，仅仅是为了保证用户定义的函数和库函数中的 fputc( )函数一致)。函数内部调用串口轮询方式发送函数 HAL_UART_Transmit( ) 向串口发送 1 个无符号字符，超时时间设置为 HAL_MAX_DELAY(无限等待)。

注意：由于入口参数 ch 是整型变量，而函数 HAL_UART_Transmit( )的入口参数 pdata 是指向无符号字符型指针，因此需要进行强制类型转换，将 int 转换为 uint8_t*。

（2）第 7～12 行是函数 fgetc( )的实现。函数的入口参数 f 表示文件指针。函数内部调用串口轮询方式接收函数 HAL_UART_Receive( )从串口接收 1 字节数据，超时时间设置为 HAL_MAX_DELAY(无限等待)。

第五步：编译并烧录程序，打开串口调试助手，配置参数，当输入命令 open 时，单片机将指示灯 LD2 开启，并发送提示信息"open LD2!"；当输入命令 close 时，指示灯 LD2

关闭，并发送提示信息"close LD2!"。当输入错误信息时，单片机发送错误提示信息："input error，please input again："。实验结果如图 5-9 所示。

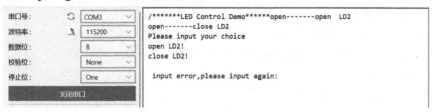

图 5-9 串口通信实验结果

 EX5_3 使用中断方式和通信协议实现串口的收发

在实验 EX5_2 程序的基础上，使能中断模式接收串口数据，并添加简单的通信协议。通信协议包括帧头、帧尾、ID 号和数据，解析的时候注意判断，如果解析成功，再执行相应操作。

在主函数 while(1)中查询串口中断标志位的时候，加延时 100 ms 左右，否则查询太快会导致失败。

第一步：打开实验 EX5_2 中的 STMCubeMX 工程文件，进行外设配置，勾选使能 UART2 的全局中断，使用默认的中断优先级，如图 5-10 所示。

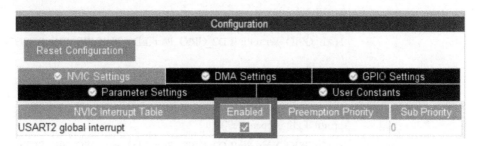

图 5-10 添加使能全局中断

第二步：生成 MDK 工程后，编写应用程序。程序采用前后台编程模式。前台程序为中断服务程序，一旦数据接收完成，则置位数据接收标志 RxFlag。后台程序在 while(1)循环中不断检测变量 RxFlag，如果为 1，则开始处理中断任务。具体代码如程序清单 5-3 和 5-4 所示。

程序清单 5-3 通信协议任务主程序

```
1./* USER CODE BEGIN PV */
2.uint8_t RxBuffer[4]; //定义数组作为数据缓冲区
3.volatile uint8_t RxFlag = 0;//数据接收标志
4.uint8_t  ErrFlag = 0;//指令错误标志
5./* USER CODE END PV */
6.int main(void)
7.{
```

```
8./* USER CODE BEGIN 2 */
9.printf("******Communication Protocol******\n");
10.printf("Please enter instruction:\n");
11.printf("Head->0xaa Device->0x01 Operation->0x00/0x01 Tail->0x55.\n");
12.HAL_UART_Receive_IT(&huart2,RxBuffer,4);//使能接收中断
13. /* USER CODE END 2 */
14. /* USER CODE BEGIN WHILE */
15.   while (1)
16.   {
17.       HAL_Delay (100);
18.       if(RxFlag ==1)//判断标志位，是否收到字节
19.       {
20.           RxFlag=0;//标志位置 0,避免重复处理
21.           if((RxBuffer[0]==0xaa)&&(RxBuffer[3]==0x55)) {
22.               if(RxBuffer[1]==0x01)
23.               {
24.                   if(RxBuffer[2]==0x00)//命令号为 00，关灯
25.                   {
26.                       printf("LD2 is closed!\r\n");
27.                       HAL_GPIO_WritePin(LD2_GPIO_Port ,LD2_Pin,GPIO_PIN_RESET);
28.                   }
29.                   else if(RxBuffer[2]==0x01)//命令号为 01,开灯
30.                   {
31.                       printf("LD2 is open!\r\n");
32.                       HAL_GPIO_WritePin(LD2_GPIO_Port ,LD2_Pin,GPIO_PIN_SET);
33.                   }
34.                   else
35.                   {
36.                       ErrFlag=1;//设置错误标志位
37.                   }
38.               }
39.               else
40.               {
41.                   ErrFlag=1;
42.               }
43.           }
44.           else
45.           {
46.               ErrFlag =1;
```

```
47.                    }
48.              if(ErrFlag)
49.              {
50.                        printf("\r\n Communciation Error!Please send again:\r\n");
51.              }
52.                    ErrFlag=0;
53.                    RxBuffer[0]=0;
54.                        RxBuffer[1]=0;
55.                        RxBuffer[2]=0;
56.                        RxBuffer[3]=0;
57.
58.    /* USER CODE END WHILE */
59.    /* USER CODE BEGIN 3 */
60.  }
61.  /* USER CODE END 3 */
62.}
```

程序解析：

(1) 第 1~5 行用户定义的变量，包括数据缓冲区 RxBuffer，数据接收标志 RxFlag 以及指令错误标志 ErrFlag。

(2) 第 9~11 行利用 printf()函数发送提示信息，以提高程序的交互性。

(3) 第 12 行调用串口中断发送函数 HAL_UART_Receive_IT()使能接收中断，准备数据的接收。

(4) 第 15~20 行在 while(1)循环中不断检测数据接收标志 RxFlag 是否为真，一旦为真，则清除标志位，开始通信协议的解析。

(5) 第 21~47 行是整个通信协议的解析过程。首先判断帧头和帧尾是否 0xaa 和 0x55，然后判断设备码是否是 0x01，接着再判断功能码是否 0x00 或 0x01。以上判断有任何一个不满足，则置位指令错误标志 ErrFlag。如果条件都满足，则根据功能码的内容执行相应的操作：开启或者关闭指示灯 LD2。

(6) 第 48~51 行是判断指令错误标志 ErrFlag，给出错误提示信息。

(7) 第 52~56 行是清除相关参数，准备下一次的数据接收。

程序清单 5-4　串口发送中断回调函数

```
1./* USER CODE BEGIN 4 */
2.int fputc(int ch, FILE *f)
3.{
4.    HAL_UART_Transmit(&huart2, (uint8_t *)&ch, 1, HAL_MAX_DELAY);
5.    return ch;
```

6.}

7.int fgetc(FILE *f)

8.{

9. 　 uint8_t ch;

10. 　 HAL_UART_Receive(&huart2, (uint8_t *)&ch, 1, HAL_MAX_DELAY);

11. 　 return ch;

12.}

13.void HAL_UART_RxCpltCallback(UART_HandleTypeDef *huart)//串口发送中断回调函数

14.{

15. 　 if(huart ->Instance ==USART2)//判断发生接口中断的串口

16.{

17. 　 RxFlag=1;//置位接收数据标志

18. 　 HAL_UART_Receive_IT(&huart2,RxBuffer,4);//重新使能接收中断，准备下一次数据接收

19.}

20.}

21./* USER CODE END 4 */

程序解析：

(1) 第 2～12 行为串口重定向程序。

(2) 第 13～18 行在串口发送中断回调函数中判断发生接口中断的串口，置位接收数据标志，重新使能接收中断，准备下一次数据接收。

第三步：编译并烧录程序，打开串口调试助手，配置参数，查看实验结果。当 PC 串口助手输入 aa 01 01 55，单片机打开指示灯 LD2；当输入 aa 01 00 55，单片机关闭指示灯 LD2；输入错误字符，单片机报错反馈，如图 5-11 所示。

图 5-11　实验结果展示

EX5_4　使用 OLED 显示串口收到的数据

修改实验 EX5_2，参考实验 EX2_9，添加 OLED 的驱动程序 BSP，串口接收到的数据同步在 OLED 显示。

第一步：打开实验 EX5_2 中的 STM32CubeMX 工程文件，将 PA5 管脚设置为复位，并根据扩展板 OLED 电路图，修改 PC7 和 PB6 管脚为输出，修改名称 PC7 为 DC，PB6 为 RES，如图 5-12 所示。

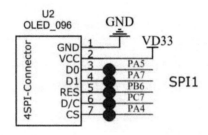

图 5-12　扩展板 OLED 原理图

设置 SPI1，其中 Mode 设置为 Transmit Only Master，Hardware NSS Signal 设置为 Hardware NSS Output Signal，如图 5-13 所示。

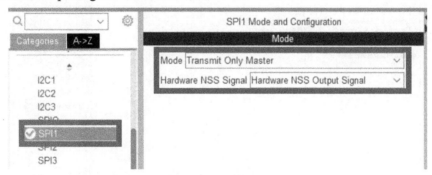

图 5-13　设置 SPI1

重新生成工程代码，打开工程路径的 Drivers 文件夹，新建文件夹 BSP，将 OLED 驱动文件拷贝在其中，如图 5-14 所示。

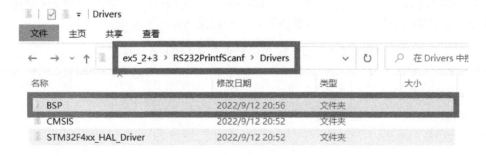

图 5-14　拷贝 OLED 的 BSP 驱动

第二步：打开 MDK 工程文件，创建 New Group 并修改名称为 BSP，添加 OLED 驱动程序，添加 OLED 驱动程序路径，如图 5-15 和图 5-16 所示。

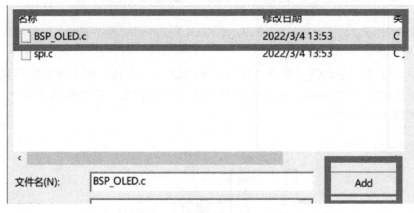

图 5-15　添加 OLED 驱动程序

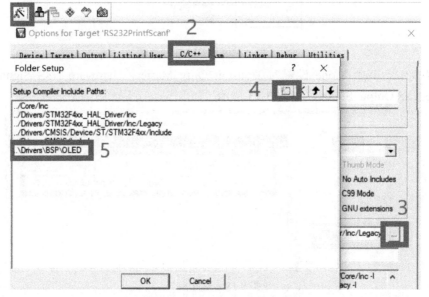

图 5-16　添加 OLED 驱动程序路径

第三步：将#include "BSP_OLED.h"添加到 main.c，对 OLED 进行初始化，如果接收数据，将 OLED 清屏后，通过字符串显示函数 BSP_OLED_ShowString 显示 RxBuferr 的值，设置 OLED 显示横纵坐标为(0，32)，更新显示，如程序清单 5-5 所示。

程序清单 5-5　在主函数添加 OLED 显示程序

1./* USER CODE BEGIN 2 */

2.BSP_OLED_Init();　　// OLED 初始化

3./* USER CODE END 2 */

4./* Infinite loop */

5./* USER CODE BEGIN WHILE */

6.while (1)

```
7.{
8./* USER CODE END WHILE */
9./* USER CODE BEGIN 3 */
10.if(scanf("%s",RxBuffer)==1)//判断是否收到数据
11.{
12.  BSP_OLED_CLS();          // 清屏
13.  BSP_OLED_ShowString(0, 32, (char*)RxBuffer);
14.  BSP_OLED_Refresh();               // OLED 更新显示
15.}
16./* USER CODE END 3 */ }
```

第四步：编译并烧录程序。在 PC 串口调试助手软件中发送 open，单片机 OLED 屏幕显示 open。PC 端发送 close，单片机 OLED 屏幕显示 close，实验结果如图 5-17 和图 5-18 所示。

图 5-17　实验结果显示 1

图 5-18　实验结果显示 2

 EX5_5　使用 DMA 方式实现不定长数据的接收

在实验 EX5_3 程序的基础上，使能串口 DMA 模式，使用 DMA 方式接收串口不定长数据。本部分内容留给读者自行完成。

四、实验总结

(1) 串口通信有轮询、中断、DMA 等多种方式，其中 DMA 方式可以用来接收不定长数据。

(2) 为保证通信过程数据的准确性并实现一对多的通信，可以使用简单的通信协议对数据进行封装，一帧数据一般包括帧头、帧尾、设备 ID、数据内容、校验和等内容。

五、实验作业

(1) 完成实验 EX5_5 内容。

(2) 参考实验 EX2_9 修改实验 EX5_5，添加 OLED 的驱动程序 BSP，将串口接收到的不定长数据同步在 OLED 显示。

(3) 修改实验 EX5_4，添加数码管驱动，将串口收到的数据显示在数码管。

实验六　FreeRTOS

一、实验目的

(1) 掌握 FreeRTOS 基本原理，学习通过 STM32CubeMX 添加 FreeRTOS 并生成工程的方法。

(2) 掌握 FreeRTOS 系统多线程并行执行的原理及实现方法。

二、实验内容

编写程序，完成 FreeRTOS 多任务创建、二值信号量、计数信号量、事件标志组等实验。

三、具体实验

 EX6_1　实现串口通信和 LD2 闪烁

参考原教材第十章 10.2.5 节，使用 STM32CubeMX 添加 FreeRTOS，创建串口通信和 LD2 闪烁两个任务，编译下载，体验操作系统控制的两个任务同步执行的效果。新建工程时，开发板默认的波特率为 115 200，无校验位，停止位为 1 位，数据位为 8 位，在 PC 端的串口调试软件也要做同样设置。另外，发送和接收都用字符模式。注意，程序里面如果需要使用 printf 函数，需要提前在 MDK 软件里的 "options for targets"，将 Target 标签页里面的 "Use MicroLIB" 勾选上，然后再编译下载。

第一步：打开 STM32CubeMX 软件，新建工程，选择单片机型号为 "STM32F411RE"。

第二步：时间基准及 FreeRTOS 的基本配置。

(1) 在外设配置窗口中选择 System Core→SYS，将展开 SYS 的配置窗口，在配置窗口上方 Mode 栏中选择 Timebase Source 为 TIM10，如图 6-1 所示。

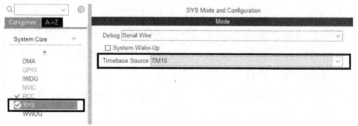

图 6-1　修改 HAL 库的时间基准

(2) 在外设配置窗口中选择 Middleware→FREERTOS，将展开 FREERTOS 的配置窗口，在配置窗口上方 Mode 栏中选择 Interface(接口)为 CMSIS-V2，如图 6-2 所示。

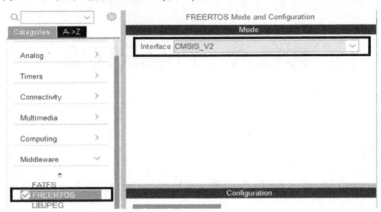

图 6-2　FREERTOS 基本配置

第三步：创建串口通信和 LD2 闪烁两个任务。

(1) 在外设配置窗口中选择 Middleware → FREERTOS，将展开 FREERTOS 的配置窗口，在配置窗口下方的 Configuration 栏，选择 Tasks and Queues 标签页，双击 defaultTask 任务进行参数修改，将 Task Name 改为 LedTask，Entry Function 改为 StartLedTask，然后点击 OK 完成创建。

(2) 在 FREERTOS 的配置窗口，点击 Tasks and Queues 标签页下 Tasks 的 Add 添加一个串口通信的任务，将 Task Name 改为 ComTask，Entry Function 改为 StartComTask，然后点击 OK 完成创建，如图 6-3 所示。

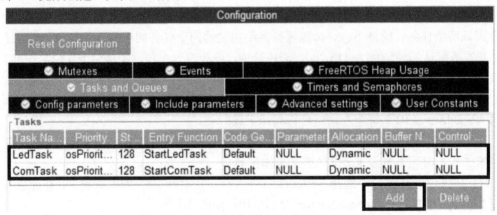

图 6-3　用户创建的任务

第四步：编写两个任务函数的代码，实现 LD2 闪烁和串口发送的功能。

(1) 配置好 STM32CubeMX 的 Project Manager 下的选项后点击 GENERATE CODE 生成代码，然后点击 Open Project 打开 KEIL 工程。

(2) 由于 printf( )函数是由 MDK 软件所提供的 C 语言标准库函数，在完成程序编写后，用户还需要在 MDK 软件的工程设置窗口中选择"Target"标签页，勾选"Use MicroLIB"，如图 6-4 所示。

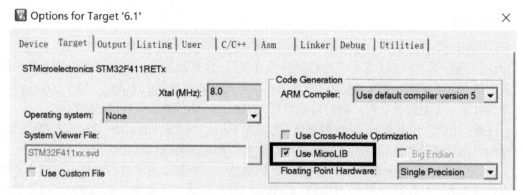

图 6-4　勾选使用微库选项

（3）由于程序中调用了 printf()函数，因此需要添加标准输入/输出头文件 stdio.h 和 printf 的重定向函数。

头文件添加的位置在 main.c 文件的/*USER CODE BEGIN Includes*/和/*USER CODE END Includes */ 之间，如程序清单 6-1、6-2 所示。

程序清单 6-1　添加标准输入/输出头文件

```
1.    /* USER CODE BEGIN Includes */
2.    #include <stdio.h>                              //包含标准输入/输出头文件
3.    /* USER CODE END Includes */
```

程序清单 6-2　串口重定向函数

```
1.    /* USER CODE BEGIN 0 */
2.    int fputc(int ch,FILE *f)
3.    {
4.      // 采用轮询方式发送数据，超时时间设置为无限等待
5.      HAL_UART_Transmit(&huart2, (uint8_t *)&ch, 1, HAL_MAX_DELAY);
6.      return ch;
7.    }
8.    int fgetc(FILE *f)
9.    {
10.     uint8_t ch;
11.     // 采用轮询方式接收数据，超时时间设置为无限等待
12.     HAL_UART_Receive(&huart2, (uint8_t *)&ch, 1, HAL_MAX_DELAY);
13.     return ch;
14.   }
15.   /* USER CODE END 0 */
```

程序解析：

① 第 2~7 行是函数 fputc( )的实现。函数的入口参数 ch 是需要发送的字符，f 表示文件指针(在串口重定向中 f 这个文件指针并没有使用，仅仅是为了保证用户定义的函数和库函数中的 fputc( )函数一致)。函数内部调用串口轮询方式发送函数 HAL_UART_Transmit( )向串口发送 1 个无符号字符，超时时间设置为 HAL_MAX_DELAY(无限等待)。

注意：由于入口参数 ch 是整型变量，而函数 HAL_UART_Transmit( )的入口参数 pdata 是指向无符号字符型指针，因此需要进行强制类型转换，将 int 转换为 uint8_t *。

② 第 8~14 行是函数 fgetc( )的实现。函数的入口参数 f 表示文件指针。函数内部调用串口轮询方式接收函数 HAL_UART_Receive( )从串口接收 1 字节数据，超时时间设置为 HAL_MAX_DELAY(无限等待)。

(4) 在串口初始化之后，操作系统初始化之前，通过 printf 函数用串口向 PC 发送三条信息，如程序清单 6-3 所示。

程序清单 6-3　通过串口发送消息

```
1. printf("/**   FREERTOS for task creat   **/\r\n");
2. printf("/ LedTask: Twinkle LED every 100ms.\r\n");
3. printf("/ ComTask: Send message to PC every 1s.\r\n");
```

(5) 编写 LD2 闪烁任务 StartLedTask 函数的代码，使 LD2 间隔 100 ms 亮一次，如程序清单 6-4 所示。

程序清单 6-4　指示灯任务函数

```
1.   /* USER CODE BEGIN Header_StartLedTask */
2.   /**
3.   * @brief   Function implementing the LedTask thread.
4.   * @param   argument: Not used
5.   * @retval None
6.   */
7.   /* USER CODE END Header_StartLedTask */
8.   void StartLedTask(void *argument)
9.   {
10.    /* USER CODE BEGIN 5 */
11.    /* Infinite loop */
12.    for(;;)
13.    {
14.      HAL_GPIO_TogglePin(LD2_GPIO_Port,LD2_Pin); // 切换指示灯状态
15.      osDelay(100);                              // 延时 100 ms
```

```
16.      }
17.      /* USER CODE END 5 */
18.   }
```

程序解析：

　　指示灯任务函数实现每隔 100 ms 切换指示灯状态的操作。整个任务是一个无限循环，在循环中调用引脚翻转函数 HAL_GPIO_TogglePin( )切换指示灯的状态，调用 RTOS 提供的延时函数 osDelay( )实现 100 ms 延时。

　　注意：当指示灯任务调用延时函数 osDelay( )后，将由运行态切换到阻塞态，放弃 CPU 的使用权，由 RTOS 调度其他任务获取 CPU 的使用权。当 100 ms 的延时时间到达后，才由阻塞态切换到就绪态并等待 RTOS 的调度。

　　(6) 编写串口通信任务 StartComTask 函数的代码，使串口每隔一秒向 PC 发送一条消息，如程序清单 6-5 所示。

程序清单 6-5　串口通信任务函数

```
1.    /* USER CODE BEGIN Header_StartComTask */
2.    /**
3.     * @brief Function implementing the ComTask thread.
4.     * @param argument: Not used
5.     * @retval None
6.     */
7.    /* USER CODE END Header_StartComTask */
8.    void StartComTask(void *argument)
9.    {
10.     /* USER CODE BEGIN StartComTask */
11.     /* Infinite loop */
12.     for(;;)
13.     {
14.         printf("com task,run every 1s!\r\n");        // 发送信息
15.         osDelay(1000);                               // 延时 1 s
16.     }
17.   /* USER CODE END StartComTask */
18.   }
```

程序解析：

　　串口通信任务函数实现每隔 1 s 发送信息到 PC 的操作。整个任务是一个无限循环，在循环中调用 printf()函数发送信息，调用 RTOS 提供的延时函数 osDelay()实现 1 s 的延时。

第五步：编译并下载程序，打开串口调试软件，测试 LD 闪烁和串口通信功能，运行结果如图 6-5 所示。

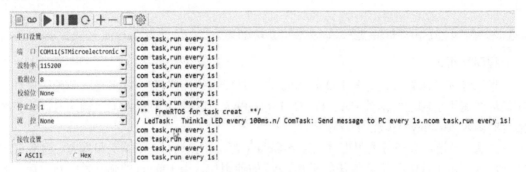

图 6-5　串口通信的程序运行结果

EX6_2　二值信号量

在实验 EX6_1 工程的基础上添加一个二值信号量，在用户按下按键 B1 之后，在外部中断响应函数里释放信号量。在主函数 main.c 的 StartLedTask 里面获取信号量，将 led 电平进行翻转。

第一步：打开工程。打开实验 EX6_1 的 STM32CubeMX 的工程。

第二步：配置按键 B1 为外部中断模式。把 PC13 管脚设置为外部中断 GPIO_EXTI13，GPIO mode 配置为下降沿触发，并使能该管脚的全局中断，设置外部中断的优先级，如图 6-6 和图 6-7 所示。

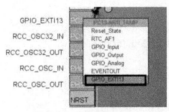

图 6-6　引脚分配

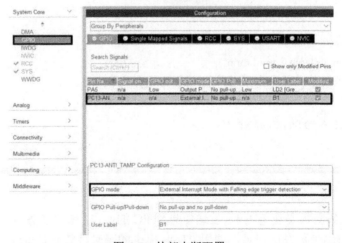

图 6-7　外部中断配置

注意：Nucleo 开发板上的按键电路已经外接了上拉电阻，因此没有使能引脚 PC13 内部的上拉/下拉电阻。如果用户的按键电路中没有外加上拉/下拉电阻，则需要根据具体的电路连接来使能上拉/下拉电阻，再确定按键的触发方式。

切换 GPIO 配置窗口的标签页，选择 NVIC 标签页，使能引脚 PC13 对应的外部中断线 EXTI line[15:10]的中断功能，如图 6-8 所示。

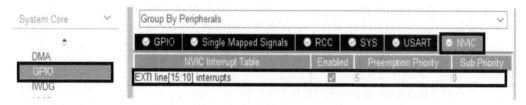

图 6-8　使能外部中断

第三步：创建一个二值信号量。在外设配置窗口中选择 Middleware→FREERTOS，将展开 FREERTOS 的配置窗口，在配置窗口下方的 Configuration 栏，选择 Timers and Semaphores 标签页，点击 Binary Semaphores 的 Add 添加一个二值信号量，将 Semaphore Name 改为 KeyBinarySem，然后点击 OK 完成创建，如图 6-9 所示。

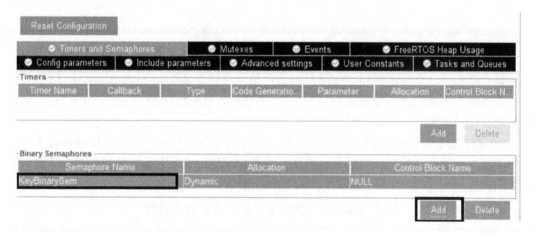

图 6-9　创建二值信号量

第四步：编写任务函数的代码。

(1) 配置好 STM32CubeMX 的 Project Manager 下的选项后点击 GENERATE CODE 生成代码，然后点击 Open Project 打开 KEIL 工程。

(2) 修改 StartLedTask 函数代码。只有在获取到按键的二值信号量之后才能进行 Led 的电平翻转，否则一直阻塞等待信号量，如程序清单 6-6 所示。

程序清单 6-6　指示灯任务函数

```
1.   /* USER CODE BEGIN Header_StartLedTask */
2.   /**
3.   * @brief  Function implementing the LedTask thread.
4.   * @param  argument: Not used
```

```
5.      * @retval None
6.      */
7.      /* USER CODE END Header_StartLedTask */
8.      void StartLedTask(void *argument)
9.      {
10.       /* USER CODE BEGIN 5 */
11.       /* Infinite loop */
12.       for(;;)
13.       {
14.         // 等待二值信号量，超时时间设置为无限等待
15.         osSemaphoreAcquire(KeyBinarySemHandle,osWaitForever);
16.         // 翻转指示灯
17.         HAL_GPIO_TogglePin(LD2_GPIO_Port,LD2_Pin);
18.       }
19.       /* USER CODE END 5 */
20.     }
```

程序解析：

整个任务是一个无限循环，在循环中调用信号量获取函数 osSemaphoreAcquire()等待二值信号量，在获取到信号量之后调用引脚翻转函数 HAL_GPIO_TogglePin()切换指示灯的状态。

(3) 在按键的中断响应函数内添加代码，用于信号量的释放，按一次按键就会执行一次中断响应函数，释放一次信号量。首先需要在 stm32f4xx_it.c 文件里面引用关于操作系统的头文件 cmsis_os.h 和信号量的句柄，如程序清单 6-7、6-8 所示。

程序清单 6-7　添加关于操作系统的头文件

```
1.      /* USER CODE BEGIN Includes */
2.      #include "cmsis_os.h"              // 包含关于操作系统的头文件
3.      /* USER CODE END Includes */
```

程序清单 6-8　添加信号量的句柄

```
1.      /* External variables -------------------------------------------------*/
2.      extern TIM_HandleTypeDef htim10;
3.      extern osSemaphoreId_t KeyBinarySemHandle;    // 声明信号量的句柄
```

在 EXTI15_10_IRQHandler 中断响应函数里面添加代码，用于信号量的释放，如程序

清单 6-9 所示。

程序清单 6-9　外部中断响应函数

```
1.   /*
2.      @brief This function handles EXTI line[15:10] interrupts.
3.   */
4.   void EXTI15_10_IRQHandler(void)
5.   {
6.     /* USER CODE BEGIN EXTI15_10_IRQn 0 */

7.     /* USER CODE END EXTI15_10_IRQn 0 */
8.     HAL_GPIO_EXTI_IRQHandler(B1_Pin);
9.     /* USER CODE BEGIN EXTI15_10_IRQn 1 */
10.       osSemaphoreRelease(KeyBinarySemHandle);    // 释放二值信号量
11.     /* USER CODE END EXTI15_10_IRQn 1 */
12.   }
```

第五步：编译并下载程序，测试功能。

 EX6_3　计数信号量

建立两个任务，发送任务负责连续发送信号量，指示灯任务在收到信号量后，根据计数信号量的数目控制指示灯闪烁次数。

第一步：新建工程。打开 STM32CubeMX 软件，新建工程，选择单片机型号为"STM32F411RE"。

第二步：时间基准及 FreeRTOS 的基本配置。

(1) 在外设配置窗口中选择 System Core → SYS，将展开 SYS 的配置窗口，在配置窗口上方 Mode 栏中选择 Timebase Source 为 TIM10，如图 6-1 所示。

(2) 在外设配置窗口中选择 Middleware → FREERTOS，将展开 FREERTOS 的配置窗口，在配置窗口上方 Mode 栏中选择 Interface(接口)为 CMSIS-V2，如图 6-2 所示。

第三步：创建信号量发送和指示灯闪烁两个任务。

(1) 在外设配置窗口中选择 Middleware → FREERTOS，将展开 FREERTOS 的配置窗口，在配置窗口下方的 Configuration 栏，选择 Tasks and Queues 标签页，双击 defaultTask 任务，进行参数修改，将 Task Name 改为 SendTask，Entry Function 改为 StartSendTask，然后点击 OK 完成创建。

(2) 在 FREERTOS 的配置窗口，点击 Tasks and Queues 标签页下 Tasks 的 Add 添加一个指示灯闪烁的任务，将 Task Name 改为 LedTask，Entry Function 改为 StartLedTask，然后点击 OK 完成创建，如图 6-10 所示。

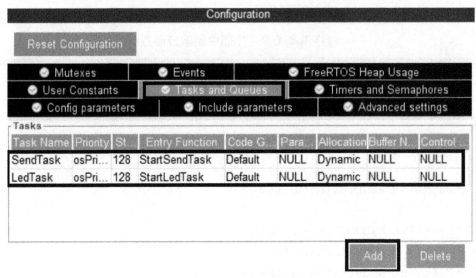

图 6-10　用户创建的任务

第四步：创建一个计数信号量。在 FREERTOS 的配置窗口，点击 Timers and Semaphores 标签页下 Counting Semaphores 的 Add 添加一个计数信号量，将 Semaphore Name 改为 CountSem，Count 的值改为 10，然后点击 OK 完成创建，如图 6-11 所示。

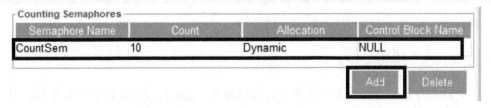

图 6-11　创建的计数信号量

第五步：编写两个任务函数的代码，实现信号量发送和指示灯闪烁的功能。

(1) 配置好 STM32CubeMX 的 Project Manager 下的选项后点击 GENERATE CODE 生成代码，然后点击 Open Project 打开 KEIL 工程。

(2) 编写信号量发送任务 StartSendTask 函数的代码，分别发送一次、两次、三次信号量，如程序清单 6-10 所示。

程序清单 6-10　信号量发送任务函数

```
1.    /* USER CODE BEGIN Header_StartSendTask */
2.    /**
3.      * @brief   Function implementing the SendTask thread.
4.      * @param   argument: Not used
5.      * @retval None
6.      */
7.    /* USER CODE END Header_StartSendTask */
8.    void StartSendTask(void *argument)
```

```
9.    {
10.      /* USER CODE BEGIN 5 */
11.      /* Infinite loop */
12.      for(;;)
13.      {
14.        osSemaphoreRelease(CountSemHandle);
15.        osDelay(1000);
16.        osSemaphoreRelease(CountSemHandle);
17.        osSemaphoreRelease(CountSemHandle);
18.        osDelay(1000);
19.        osSemaphoreRelease(CountSemHandle);
20.        osSemaphoreRelease(CountSemHandle);
21.        osSemaphoreRelease(CountSemHandle);
22.        osDelay(1000);
23.      }
24.      /* USER CODE END 5 */
25.    }
```

程序解析：

在这个应用程序中，首先建立一个计数值为 10 的计数信号量，并初始化为 0。发送任务 StartSendTask 的功能：先发送一次信号量，间隔一秒后发送两次信号量，接着再间隔一秒发送三次信号量，完成发送后再循环该过程。

(3) 编写指示灯闪烁任务 StartLedTask 函数的代码(如程序清单 6-11 所示)，只有在获取到计数信号量之后才让指示灯闪烁一次，否则一直等待信号量。

程序清单 6-11　指示灯闪烁任务

```
1.    /* USER CODE BEGIN Header_StartLedTask */
2.    /**
3.     * @brief Function implementing the LedTask thread.
4.     * @param argument: Not used
5.     * @retval None
6.     */
7.    /* USER CODE END Header_StartLedTask */
8.    void StartLedTask(void *argument)
9.    {
10.      /* USER CODE BEGIN StartLedTask */
11.      /* Infinite loop */
12.      for(;;)
```

```
13.   {
14.      if(osSemaphoreAcquire(CountSemHandle,osWaitForever)==osOK)
15.      {
16.        HAL_GPIO_WritePin(LD2_GPIO_Port, LD2_Pin, GPIO_PIN_SET);
17.        osDelay(100);
18.        HAL_GPIO_WritePin(LD2_GPIO_Port, LD2_Pin, GPIO_PIN_RESET);
19.        osDelay(100);
20.      }
21.   }
22.   /* USER CODE END StartLedTask */
23. }
```

程序解析:

接收任务 StartLedTask 的功能:等待信号量,成功接收信号量后控制指示灯闪烁一次。在发送任务中,连续调用接口函数 osSemaphoreRelease()释放信号量,对信号量的计数值加一,函数执行时间很短。而指示灯任务执行一次指示灯闪烁的操作耗时 200 ms,因此会造成信号量的累积。

第六步:编译并下载程序,测试功能。

 EX6_4 事件标志组

使用事件标志组实现多个事件同步。其中按键 B1(PC13 管脚)产生外部中断,在中断响应函数置位事件标志组的 bit0。

第一步:新建工程。打开 STM32CubeMX 软件,新建工程,选择单片机型号为"STM32F411RE"。

第二步:时间基准及 FreeRTOS 的基本配置。

(1) 在外设配置窗口中选择 System Core → SYS,将展开 SYS 的配置窗口,在配置窗口上方 Mode 栏中选择 Timebase Source 为 TIM10,如图 6-1 所示。

(2) 在外设配置窗口中选择 Middleware → FREERTOS,将展开 FREERTOS 的配置窗口,在配置窗口上方 Mode 栏中选择 Interface(接口)为 CMSIS-V2,如图 6-2 所示。

第三步:配置按键 B1 为外部中断模式。

把 PC13 管脚设置为外部中断 GPIO_EXTI13,GPIO mode 配置为下降沿触发,并使能该管脚的全局中断以及设置外部中断的优先级,配置方法参考实验 EX6_2。

切换 GPIO 配置窗口的标签页,选择 NVIC 标签页,使能引脚 PC13 对应的外部中断线 EXTI line[15:10]的中断功能。

第四步:创建指示灯闪烁和置位事件两个任务。

(1) 在外设配置窗口中选择 Middleware → FREERTOS,将展开 FREERTOS 的配置窗口,在配置窗口下方的 Configuration 栏,选择 Tasks and Queues 标签页,双击 defaultTask 任务,进行参数修改,将 Task Name 改为 LedTask,Entry Function 改为 StartLedTask,然

后点击 OK 完成创建。

(2) 在 FREERTOS 的配置窗口，点击 Tasks and Queues 标签页下 Tasks 的 Add 添加一个置位事件的任务，将 Task Name 改为 myTimeTask，Entry Function 改为 StartTimeTask，然后点击 OK 完成创建，如图 6-12 所示。

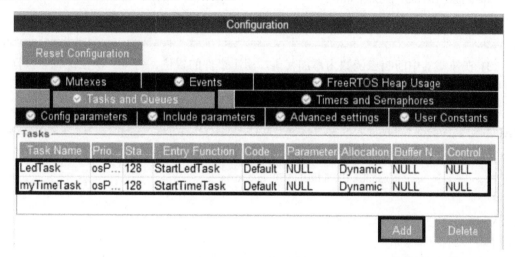

图 6-12　用户创建的任务

第五步：创建一个事件。在 FREERTOS 的配置窗口，点击 Events 标签页下的 Add 添加一个事件，将 Event flags Name 改为 LedEvent，然后点击 OK 完成创建，如图 6-13 所示。

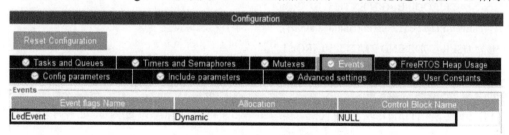

图 6-13　用户创建的事件

第六步：编写任务函数的代码。

(1) 配置好 STM32CubeMX 的 Project Manager 下的选项后点击 GENERATE CODE 生成代码，然后点击 Open Project 打开 KEIL 工程。

(2) 在 stm32f4xx_it.c 文件里面引用关于操作系统的头文件 cmsis_os.h 和事件的句柄，如程序清单 6-12 和 6-13 所示。

程序清单 6-12　添加关于操作系统的头文件

```
1.    /* USER CODE BEGIN Includes */
2.    #include "cmsis_os.h"          // 包含关于操作系统的头文件
3.    /* USER CODE END Includes */
```

程序清单 6-13　添加事件的句柄

```
1.   /* External variables -------------------------------------------------*/
2.   extern TIM_HandleTypeDef htim10;
3.   extern osEventFlagsId_t LedEventHandle;    // 事件的句柄
```

(3) 在按键的中断响应函数内添加代码，用于事件的置位，每按一次按键就会执行一次中断响应函数，如程序清单 6-14 所示。

程序清单 6-14　外部中断响应函数

```
1.   /**
2.    * @brief This function handles EXTI line[15:10] interrupts.
3.    */
4.   void EXTI15_10_IRQHandler(void)
5.   {
6.     /* USER CODE BEGIN EXTI15_10_IRQn 0 */
7.     /* USER CODE END EXTI15_10_IRQn 0 */
8.     HAL_GPIO_EXTI_IRQHandler(B1_Pin);
9.     /* USER CODE BEGIN EXTI15_10_IRQn 1 */
10.    osEventFlagsSet(LedEventHandle,0x0001);      // 事件标志位设置
11.    /* USER CODE END EXTI15_10_IRQn 1 */
12.  }
```

(4) 修改 StartTimeTask 函数代码，实现每隔 5 s 将事件标志位置为 2，如程序清单 6-15 所示。

程序清单 6-15　事件标志位设置函数

```
1.   /* USER CODE BEGIN Header_StartTimeTask */
2.   /**
3.    * @brief Function implementing the myTimeTask thread.
4.    * @param argument: Not used
5.    * @retval None
6.    */
7.   /* USER CODE END Header_StartTimeTask */
8.   void StartTimeTask(void *argument)
9.   {
10.    /* USER CODE BEGIN StartTimeTask */
```

```
11.      /* Infinite loop */
12.      for(;;)
13.      {
14.        osDelay(5000);                                    // 延时 5 s
15.        osEventFlagsSet(LedEventHandle,0x0002);           // 事件标志位设置
16.      }
17.      /* USER CODE END StartTimeTask */
18.    }
```

(5) 修改 StartLedTask 函数代码。等待事件标志组的 bit0 和 bit1 置位事件，两种事件同时满足之后，执行 LED 灯闪烁一次，否则一直阻塞等待事件置位，如程序清单 6-16 所示。

程序清单 6-16　指示灯闪烁任务函数

```
1.     /* USER CODE BEGIN Header_StartLedTask */
2.     /**
3.     * @brief   Function implementing the LedTask thread.
4.     * @param   argument: Not used
5.     * @retval None
6.     */
7.     /* USER CODE END Header_StartLedTask */
8.     void StartLedTask(void *argument)
9.     {
10.      /* USER CODE BEGIN 5 */
11.      /* Infinite loop */
12.      for(;;)
13.      {
14.        osEventFlagsWait(LedEventHandle,0X0003,osFlagsWaitAll,osWaitForever);
15.        HAL_GPIO_WritePin(LD2_GPIO_Port, LD2_Pin,GPIO_PIN_SET);
16.        osDelay(100);
17.        HAL_GPIO_WritePin(LD2_GPIO_Port, LD2_Pin,GPIO_PIN_RESET);
18.        osDelay(100);
19.      }
20.      /* USER CODE END 5 */
21.    }
```

程序解析：

建立的三个任务通过事件标志组实现同步，当定时时间到且按键被按下，指示灯闪烁一次。

第七步：编译并下载程序，测试功能。

EX6_5　线程标志

使用线程标志组实现多个任务的同步。线程标志不需要用户创建，每一个任务创建之后就自动拥有一个。线程标志只能由任务自身等待，由其他任务设置。

本实验利用线程标志实现串口通信，在串口接收中断回调函数中，置位线程标志，串口发送任务等待线程标志。

第一步：新建工程。打开 STM32CubeMX 软件，新建工程，选择单片机型号为"STM32F411RE"。

第二步：时间基准及 FreeRTOS 的基本配置。

(1) 在外设配置窗口中选择 System Core → SYS，将展开 SYS 的配置窗口，在配置窗口上方 Mode 栏中选择 Timebase Source 为 TIM10。

(2) 在外设配置窗口中选择 Middleware → FREERTOS，将展开 FREERTOS 的配置窗口，在配置窗口上方 Mode 栏中选择 Interface(接口)为 CMSIS-V2。

第三步：创建一个串口通信的任务。在外设配置窗口中选择 Middleware → FREERTOS，将展开 FREERTOS 的配置窗口，在配置窗口下方的 Configuration 栏，选择 Tasks and Queues 标签页，双击 defaultTask 任务，进行参数修改，将 Task Name 改为 MyComTask，Entry Function 改为 StartMyComTask，然后点击 OK 完成创建，如图 6-14 所示。

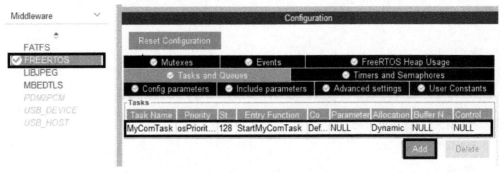

图 6-14　用户创建串口通信任务

第四步：在 UART2 配置窗口下方的 Configuration 栏，选择 NVIC Settings 标签页，使能 UART2 的全局中断，中断优先级不进行设置，使用默认的中断优先级，如图 6-15 所示。

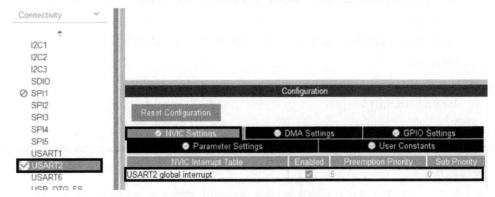

图 6-15　使能串口 2 的全局中断

第五步：编写任务函数的代码。

(1) 配置好 STM32CubeMX 的 Project Manager 下的选项后点击 GENERATE CODE 生成代码，然后点击 Open Project 打开 KEIL 工程。

(2) 打开串口的接收中断，首先定义一个占 10 个字节的全局数组，把接收到的数据保存到数组里，然后在串口初始化之后打开串口的接收中断，如程序清单 6-17 和 6-18 所示。

程序清单 6-17　添加用于串口接收的全局数组

```
1.   /* USER CODE BEGIN PV */
2.   char RxBuff[10];
3.   /* USER CODE END PV */
```

程序清单 6-18　打开串口的接收中断

```
1.   /* USER CODE BEGIN 2 */
2.   HAL_UART_Receive_IT(&huart2,( uint8_t *)RxBuff,10);
3.   /* USER CODE END 2 */
```

(3) 修改 StartMyComTask 函数代码。等待线程的标志位置位之后，通过串口向 PC 发送从串口接收到的数据，如程序清单 6-19 所示。

程序清单 6-19　串口通信任务函数

```
1.   /* USER CODE BEGIN Header_StartMyComTask */
2.   /**
3.   * @brief   Function implementing the MyComTask thread.
4.   * @param   argument: Not used
5.   * @retval None
6.   */
7.   /* USER CODE END Header_StartMyComTask */
8.   void StartMyComTask(void *argument)
9.   {
10.  /* USER CODE BEGIN 5 */
11.  /* Infinite loop */
12.  for(;;)
13.  {
14.  // 等待任务自身的线程标志置位
15.  osThreadFlagsWait(0x0001,osFlagsWaitAny,osWaitForever);
```

```
16.      // 把接收到的字符原样回传到 PC
17.      HAL_UART_Transmit(&huart2, (uint8_t *)RxBuff, 10, 100);
18.      osDelay(1);
19.    }
20.    /* USER CODE END 5 */
21.  }
```

(4) 在 stm32f4xx_it.c 文件里面引用关于操作系统的头文件 cmsis_os.h，并声明全局数据和线程的句柄，如程序清单 6-20 和 6-21 所示。

程序清单 6-20　添加关于操作系统的头文件

```
1.    /* USER CODE BEGIN Includes */
2.    #include "cmsis_os.h"
3.    /* USER CODE END Includes */
```

程序清单 6-21　添加线程的句柄

```
1.    /* External variables -------------------------------------------------*/
2.    extern UART_HandleTypeDef huart2;
3.    extern TIM_HandleTypeDef htim10;
4.    extern osThreadId_t MyComTaskHandle;        // 声明线程的句柄
```

(5) 修改串口接收中断响应函数 USART2_IRQHandler 代码，在中断响应函数内设置线程的标志位，如程序清单 6-22 所示。

程序清单 6-22　串口接收中断响应函数

```
1.    /**
2.    * @brief This function handles USART2 global interrupt.
3.    */
4.    void USART2_IRQHandler(void)
5.    {
6.      /* USER CODE BEGIN USART2_IRQn 0 */
7.      /* USER CODE END USART2_IRQn 0 */
8.      HAL_UART_IRQHandler(&huart2);
9.      /* USER CODE BEGIN USART2_IRQn 1 */
10.     // 设置串口发送任务的线程标志
11.     osThreadFlagsSet(MyComTaskHandle,0x0001);
```

12.　// 重新使能接收中断，准备下一次的数据接收

13.　　HAL_UART_Receive_IT(&huart2,(uint8_t *)RxBuff,10);

14.　　/* USER CODE END USART2_IRQn 1 */

15.　}

第六步：编译并下载程序，测试功能。

 EX6_6　使用 FreeRTOS 互斥量实现多任务调用同一个串口

新建两个串口通信任务，分别实现串口数据发送。创建一个串口互斥量，避免两个任务同时使用串口发送导致数据乱码。

第一步：新建工程。打开 STM32CubeMX 软件，新建工程，选择单片机型号为"STM32F411RE"。

第二步：时间基准及 FreeRTOS 的基本配置。

(1) 在外设配置窗口中选择 System Core → SYS，将展开 SYS 的配置窗口，在配置窗口上方 Mode 栏中选择 Timebase Source 为 TIM10。

(2) 在外设配置窗口中选择 Middleware → FREERTOS，将展开 FREERTOS 的配置窗口，在配置窗口上方 Mode 栏中选择 Interface(接口)为 CMSIS-V2。

第三步：创建两个串口通信任务。

(1) 在外设配置窗口中选择 Middleware → FREERTOS，将展开 FREERTOS 的配置窗口，在配置窗口下方的 Configuration 栏，选择 Tasks and Queues 标签页，双击 defaultTask 任务，进行参数修改，将 Task Name 改为 Com1Task，Entry Function 改为 StartCom1Task，然后点击 OK 完成创建。

(2) 在 FREERTOS 的配置窗口，点击 Tasks and Queues 标签页下 Tasks 的 Add 添加另一个串口通信的任务，将 Task Name 改为 Com2Task，Entry Function 改为 StartCom2Task，然后点击 OK 完成创建，如图 6-16 所示。

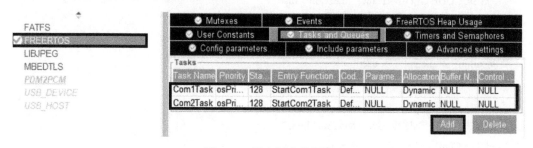

图 6-16　用户创建的任务

第四步：创建一个互斥量。在 FREERTOS 的配置窗口，点击 Mutexes 标签页下的 Add 添加一个互斥量，将 Mutex Name 改为 UartMutex，然后点击 OK 完成创建，如图 6-17 所示。

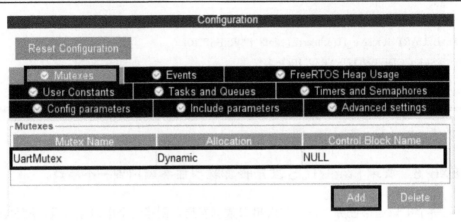

图 6-17　创建互斥量

第五步：编写任务函数的代码。

(1) 配置好 STM32CubeMX 的 Project Manager 下的选项后点击 GENERATE CODE 生成代码，然后点击 Open Project 打开 KEIL 工程。

(2) 由于 printf( )函数是由 MDK 软件所提供的 C 语言标准库函数，在完成程序编写后，用户还需要在 MDK 软件的工程设置窗口中选择"Target"标签页，勾选其中的"Use MicroLIB"。

(3) 由于程序中调用了 printf( )函数，因此需要添加标准输入/输出头文件 stdio.h 和 printf 的重定向函数。

头文件添加的位置在 main.c 文件的/*USER CODE BEGIN Includes*/和/*USER CODE END Includes */ 之间，程序如清单 6-1、6-2 所示。

(4) 编写串口通信 1 任务 StartCom1Task 函数的代码,在获取到互斥量之后通过串口向 PC 发送一条消息，然后释放互斥量，如程序清单 6-23 所示。

程序清单 6-23　串口通信任务函数

```
1.   /* USER CODE BEGIN Header_StartCom1Task */
2.   /**
3.    * @brief   Function implementing the Com1Task thread.
4.    * @param   argument: Not used
5.    * @retval None
6.    */
7.   /* USER CODE END Header_StartCom1Task */
8.   void StartCom1Task(void *argument)
9.   {
10.    /* USER CODE BEGIN 5 */
11.    /* Infinite loop */
12.    for(;;)
13.    {
```

```
14.        osMutexAcquire(UartMutexHandle,osWaitForever);        // 获取串口资源
15.        printf("Com1 task use usart2\r\n");                    //使用串口发送数据
16.        osMutexRelease(UartMutexHandle);                       //释放串口资源
17.        osDelay(1000);                                         //延时 1000 ms
18.      }
19.      /* USER CODE END 5 */
20.    }
```

（5）编写另一个串口通信任务 StartCom2Task 函数的代码，也是在获取到互斥量之后通过串口向 PC 发送一条消息，然后释放互斥量，如程序清单 6-24 所示。

程序清单 6-24　另一个串口通信任务函数

```
1.    /* USER CODE BEGIN Header_StartCom2Task */
2.    /**
3.    * @brief Function implementing the Com2Task thread.
4.    * @param argument: Not used
5.    * @retval None
6.    */
7.    /* USER CODE END Header_StartCom2Task */
8.    void StartCom2Task(void *argument)
9.    {
10.     /* USER CODE BEGIN StartCom2Task */
11.     /* Infinite loop */
12.     for(;;)
13.     {
14.       osMutexAcquire(UartMutexHandle,osWaitForever);        // 获取串口资源
15.       printf("Com2 task use usart2\r\n");                    // 使用串口发送数据
16.       osMutexRelease(UartMutexHandle);                       // 释放串口资源
17.       osDelay(1000);                                         // 延时 1000 ms
18.     }
19.     /* USER CODE END StartCom2Task */
20.   }
```

第六步：编译并下载程序，测试功能。

四、实验总结

本实验介绍了嵌入式实时操作系统 FREERTOS 的一些基本功能，该操作系统可以方

便地通过 STM32CubeMX 进行添加和设置。通过对本实验的学习，读者可以体会操作系统中多线程的实现方法。

五、实验作业

(1) 思考使用定时器中断方式实现多线程和使用操作系统实现多线程方式的异同点，HAL_Delay 函数和 osDelay()函数有什么异同点？

(2) 按照原教材第十章 10.3.6 节内容，完成软件定时器使用例程。

(3) 按照原教材第十章 10.4 节内容，完成串口版电子时钟设计。

(4) 修改以上程序，使用扩展板，添加 OLED 驱动 BSP，完成电子时钟显示、时钟设置等功能。

(5) 在以上程序的基础上，学习固件包中 "..\STM32Cube_FW_F4_V1.26.0\ Projects\ STM32F411RE-Nucleo\Examples\RTC\RTC_Calendar" 例程，使用单片机 32.768 kHz 的低速时钟，在 OLED 上显示当前万年历信息(年，月，日，小时，分，秒)，并实时更新。

(6) 在万年历显示程序的基础上，添加按键设置界面，实现通过扩展板的四个按键来校准、设置当前时间，完成一个电子手表的功能。

(7) 使用双线程实现数码管显示24秒倒计时。第1个线程每隔20 ms刷新数码管显示，第2个线程每隔1 s减1。

综合实验

实验七　ADC

一、实验目的

(1) 了解 STM32F411 单片机 ADC 的基本功能，实现单通道低速数据采集、使用 DMA 方式高速数据采集、多通道数据同步采集等方式进行数据采集，学习采样频率、采样通道的控制方法。

(2) 采用 BSP 驱动程序，综合使用 FreeRTOS 操作系统、定时器、外部中断、EEPROM、串口通信、数码管、OLED、按键等资源，完成较为复杂的数据采集系统。

二、实验内容

(1) 使用 STM32F411RE 单片机的 ADC 进行单次数据采集，并将数据通过串口传输到 PC 显示。

(2) 使用 STM32F411RE 单片机的 ADC 和操作系统的软件定时器，每隔 1 秒采集 1 次数据，并在 OLED 刷新显示。

(3) 学习以 DMA 方式进行高速数据采集。

(4) 学习通过定时器事件触发，控制采样频率。

(5) 学习多通道准同步数据采集。

三、实验相关知识

1. STM32F411RE 单片机的 ADC

1) ADC 简介

ADC (Analog-to-Digital Converter)是将模拟电压信号转换为数字量的电路单元，是模拟信号数字化的必要器件。读者可以从官网(www.st.com)下载 STM32F411RE 单片机的文档 stm32f411re.pdf(编号为"DocID026289 Rev 7")和更详细的数据手册 stm32f411xce-advanced-armbased-32bit-mcus-stmicroelectronics.pdf(编号为"rm0383")，查看该芯片的 ADC 的性能特点和详细的使用方法。本实验部分内容源自这两份文档。

通过数据手册可知，STM32F411RE 单片机自带一个逐次逼近模数转换器(ADC)，最高分辨率 12 位(可设置)。该 ADC 有 19 个通道，可以测量 16 个外部信号源、2 个内部信号源和 1 个电池电压(VBAT)。A/D 转换可工作在单一、连续、扫描或不连续模式。ADC 的结果存储在左对齐或右对齐的 16 位数据寄存器中。

　　模拟看门狗功能可用于检测输入电压是否下降或超出用户定义的阈值,当转换电压超出编程设定的阈值时,会生成中断。ADC 可使用 DMA 控制器实现高速数据采集。为了实现多通道同步转换和采样频率控制,ADC 可以由 TIM1、TIM2、TIM3、TIM4 或 TIM5 定时器事件来驱动。

　　ADC 转换的数据可采用左对齐或者右对齐方式存储在寄存器。ADC 中断规则组和注入组的转换结束时可以产生中断。

　　2) STM32F411RE 的 ADC 的主要特点

　　通过查看 STM32F411RE 单片机数据手册(文档编号:RM0383)可知,ADC 具有如下特点:

　　(1) 12 位、10 位、8 位或 6 位可配置分辨率。

　　(2) 转换结束时、注入转换结束时以及模拟看门狗或超限事件。

　　(3) 具有单一和连续转换模式。

　　(4) 具有自动将通道 0 转换为通道 n 的扫描模式。

　　(5) 通道采样时间可编程。

　　(6) 具有外部触发器选项,可配置规则和注入极性转换。

　　(7) 具有不连续模式。

　　(8) ADC 电源要求:全速时为 2.4 V 至 3.6 V,慢速时为 1.8 V。

　　(9) ADC 输入范围:VREF–≤VIN≤VREF+。

　　(10) 在规则通道转换期间生成 DMA 请求。

　　3) ADC 功能描述

　　STM32F411RE 的 ADC 原理如图 7-1 所示,其中 ADCx_IN[15:0]是外部模拟信号的 16 个输入通道。

　　(1) ADC 时钟。ADC 具有两种时钟方案:

　　① 模拟电路时钟 ADCCLK。模拟电路时钟由 APB2 时钟除以可编程预分频器生成,允许 ADC 选择在 fPCLK2/4/6/8 工作。参考数据手册(文档编号"rm0383"),可查询 ADCCLK 的最大值。

　　② 数字接口时钟。数字接口时钟等于 APB2 时钟,可以通过设置 RCC APB2 外围时钟寄存器(RCC_APB2ENR)启用或禁用。

　　(2) 通道选择。每个 ADC 单元有 16 个外部输入通道,对应于 16 个 ADC 输入复用引脚,即图 7-1 中的 ADCx_IN0~ADCx_IN15。每个 ADC 单元的模拟输入复用引脚可查看单片机数据手册上的引脚定义。ADC1 单元还有 3 个内部输入使用通道 16~18。

　　① 温度传感器:芯片内部温度传感器,测温范围为 –40~125℃,精度为 ±1.5℃,内部连接至共享的 ADC1_IN16 或 ADC1_IN18。

　　② VREFINT:内部参考电压,实际连接内部 1.2V 调压器的输出电压,连接至 ADC1_IN17。

　　③ VBAT:备用电源电压,因为 VBAT 电压可能高于 VDDA,内部有桥接分压器,实际测量的电压是 VBAT/2,内部连接至共享的 ADC1_IN16 或 ADC1_IN18。

　　一个 ADC 单元可以选择多个输入通道,通过模拟复用器进行多路复用 ADC 转换。

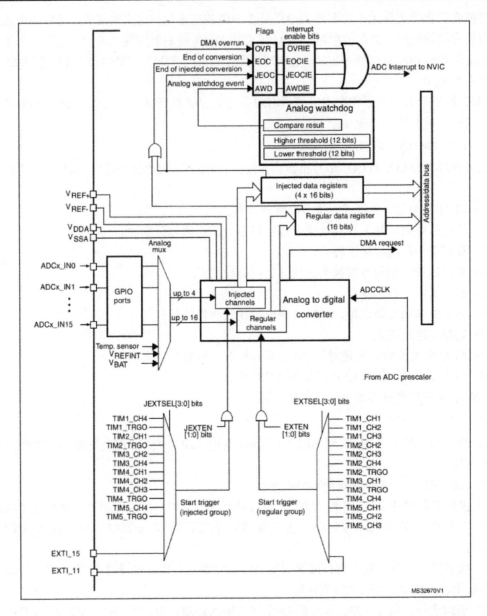

图 7-1　STM32F411RE 的 ADC 原理图

选择的多个模拟输入通道可以分为两组：规则通道和注入通道。每组的通道构成一个转换序列。

规则转换序列最多可设置 16 个通道，一个规则转换序列规定了多路复用转换时的顺序。例如，选择了 IN0、IN1、IN2 共 3 个通道作为规则通道，定义的规则转换序列可以是 IN0、IN1、IN2，也可以是 IN0、IN2、IN1，甚至可以是 IN2、IN1、IN0。

注入通道就是可以在规则通道转换过程中插入进行转换的通道，类似于中断的现象。注入转换序列最多可以设置 4 个注入通道，也可以像规则转换序列那样设置转换顺序。

每个注入通道还可以设置一个数据偏移量，每次转换结果自动减去这个偏移量，所以转换结果可以是负数。例如，设置偏移量为信号的直流分量，每次转换自动减去直流分量。

(3) 单次转换模式。在单次转换模式下，ADC 进行一次转换。可以通过以下三种方式之一启动单次转换。

① 设置 ADC_CR2 寄存器中的 SWSTART 位(仅适用于规则通道)。

② 设置 JSWSTART 位(针对注入通道)。

③ 外部触发器(用于规则或注入通道)。

当选定通道的 A/D 转换完成，后续执行流程分别如下：

① 如果转换了规则通道：

a. 转换后的数据存储在 16 位 ADC_DR 寄存器中。

b. 设置 EOC(转换结束)标志。

c. 如果设置了 EOCIE 位，则会生成中断。

② 如果转换了注入通道：

a. 转换后的数据存储在 16 位 ADC_JDR1 寄存器中。

b. 设置 JEOC(注入转换结束)标志。

c. 如果设置了 JEOCIE 位，则会生成中断，然后 ADC 停止。

(4) 连续转换模式。在连续转换模式下，一旦完成一次转换，ADC 就会开始一次新的转换。通过外部触发器或设置 ADC_CR2 寄存器中的 SWSTRT 位(仅适用于规则通道)。如果转换了一组规则通道，每次转换后，执行以下操作：

① 最后转换的数据存储在 16 位 ADC_DR 寄存器中。

② 设置 EOC(转换结束)标志。

③ 如果设置了 EOCIE 位，则会生成中断。

注意：注入的通道不能连续转换。唯一例外的是当一个通道配置在规则通道连续转换模式下自动启动(使用 JAUTO 位，请参阅数据手册自动注入部分)。

(5) ADC 时序和转换结果。

① ADC 时序。如图 7-2 所示，ADC 在启动前需要一个稳定时间 tSTAB 准确转换。ADC 转换开始后，需要最少 15 个时钟周期设置 EOC 标志(在 12 位 ADC 模式下)，使用 16 位 ADC 数据寄存器存储转换结果。

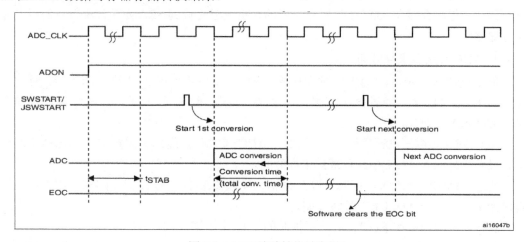

图 7-2　ADC 连续转换时序图

② ADC 转换结果电压计算。ADC 转换的结果是一个数字量，与实际的模拟电压之间的计算关系由 VREF+ 和转换精度位数确定。例如，假设转换精度为 12 位，则 ADC 输出的数字量范围为 0(12 个 0)～4095(12 个 1)，VREF+ = 3.3 V(模拟电压值 0～3.3 V)，ADC 转换结果为 12 位数对应的整数 X，则实际电压可以通过数字量进行线性对应，计算公式为 Voltage = 3.3 × X/4095 V。

(6) 模拟看门狗。可以使用模拟看门狗对某一个通道的模拟电压进行监测，设置一个阈值上限和下限(12 位数字量，范围为 0～4095)，当监测的模拟电压 ADC 结果超出范围时，就产生模拟看门狗中断，如图 7-3 所示。看门狗可以对不可预知的突发性脉冲信号进行监测。

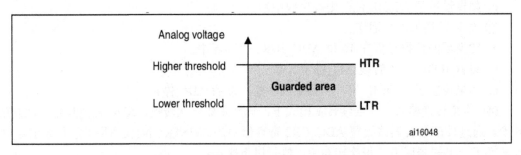

图 7-3　模拟看门狗监控的电压区域图

(7) 扫描模式。扫描模式用于扫描一组模拟通道。STM32F411RE 单片机仅有一个 ADC，通过模拟开关，可以切换扫描转换多个 ADC 通道。扫描模式是通过设置 ADC_CR1 寄存器中的扫描位来选择的。如果设置了这个位，对于规则通道来说，ADC 扫描 ADC_SQRx 寄存器中设置的所有通道；对于注入通道来说，则 ADC 扫描 ADC_JSQR 寄存器中设置的所有通道。一次转换对组的每个通道执行。每次转换结束后，下一个通道组将自动转换。如果设置了 CONT 位，则转换不会在组中的最后一个通道处停止，而是继续从第一个通道继续转换。

如果设置了 DMA 位，则使用直接内存访问(DMA)控制器，在每次规则通道转换后，从规则通道组将存储在 ADC_DR 寄存器中的转换数据传输到 SRAM(单片机自身的静态随机存储器)。

4) ADC 可编程采样时间

每个通道可以用不同的采样时间采样。ADC 转换需要时钟信号 ADCCLK 驱动，ADCCLK 由 PCLK2 经过分频产生，最少 2 分频，最多 8 分频，这些参数均可通过 STM32CubeMX 设置。

ADC 对输入电压进行采样，采用 12 位 ADC 模式时，最起码需要 12 个 ADCCLK 周期，以及额外的 N 个 ADCCLK 周期采样时间。

通过 STM32CubeMX，可以设置 N 的值，N 取值最小为 3，最大为 480，则单次采样耗时为 15～492 个 ADCCLK 时钟周期。

总转换时间计算如下：Tconv = 采样时间 + 12 个周期。

例如，ADCCLK = 30 MHz，采样时间 = 3 个周期；Tconv = 3 + 12 = 15 个周期 = 0.5 μs，

对应的采样频率为 2 MHz。

采样速度越快，单片机的 ADC 对应的输入阻抗越小。STM32F411RE 单片机最高的采样率为 2.4 MHz，此时输入阻抗为 kΩ 级别，而低速采样的时候，输入阻抗可提高百倍以上，详见单片机数据手册。读者可根据输入信号的频率，选择合适的采样速度。

5) 采用外部事件触发 ADC

A/D 转换可以由外部事件触发(例如定时器事件、外部 IO 中断)。寄存器 EXTSEL[3] 和 JEXTSEL[3:0]控制位用于选择 16 个可能的触发事件，可以触发规则组和注入组的转换。

规则转换和注入转换的外部触发器设置，读者可以查看单片机数据手册。

6) 快速转换模式

通过降低 ADC 分辨率，可以执行更快的转换。每个分辨率最少需要的转换时间如下：

(1) 12 位：$3 + 12 = 15$ 个 ADCCLK 周期。

(2) 10 位：$3 + 10 = 13$ 个 ADCCLK 周期。

(3) 8 位：$3 + 8 = 11$ 个 ADCCLK 周期。

(4) 6 位：$3 + 6 = 9$ 个 ADCCLK 周期。

7) 数据管理

(1) 高速 ADC 可使用 DMA。规则通道 A/D 转换后，数据存储在唯一的数据寄存器中，要实现高速的 ADC，可以启用 DMA 模式，规则通道转换可生成 DMA 请求，将 A/D 转换的数据，从数据寄存器高速搬运到单片机内存中(一般为用户定义的数组或指针)，无须单片机的 CPU 参与。这种方法可用于高速转换多个规则通道，避免存储在 ADC_DR 寄存器中的数据丢失。

(2) 在不使用 DMA 的情况下管理转换序列。如果 A/D 转换速度比较慢，ADC 转换序列可以由用户编写软件控制。在这种情况下，必须在 ADC_CR2 寄存器中，为 EOC 状态设置 EOCS 位。该位在每次转换结束时设置，因此，每次转换完成后，ADC 自动设置 EOC 状态位，用户根据 EOC 的值判断转换是否结束，如果转换结束，可以通过程序读取 ADC_DR 寄存器的值(采样值)。

2. ADC 的 HAL 库驱动程序简介

ADC 相关寄存器可参考单片机数据手册第 228～241 页(文档编号为 RM0383)中的详细描述。下面主要介绍 ADC 的 HAL 库驱动程序。

本部分内容读者可以详细参考数据手册文档 STM32F411xE_User_Manual.chm，在 F4 固件包的安装路径 "..\STM32Cube\STM32Cube_FW_F4_V1.27.1\ Drivers\ STM32F4xx_ HAL_Driver"可以找到。本节主要介绍规则通道的 HAL 函数，注入通道的 HAL 函数部分留给读者自学，可以详细参考数据手册文档。

ADC 的驱动程序有两个头文件：文件 stm32f4xx_hal_adc.h 是 ADC 模块总体设置和规则通道相关的函数和定义；文件 stm320xx_hal_adc_ex.h 是注入通道和多重 ADC 模式相关的函数和定义。表 7-1 是 stm32f4xx_hal_adc.h 中的一些主要函数。

表 7-1　文件 stm32f4xx hal adc.h 中的一些主要函数

分　组	函　数　名	功　能　描　述
初始化配置	HAL_ADC_Init()	ADC 的初始化，设置 ADC 的总体参数
	HAL_ADC_MPlnit()	ADC 初始化的 MSP 弱函数，在 HAL ADC Init()里被调用
	HAL_ADC_ConfigChannel()	ADC 规则通道配置，一次配置一个通道
	HAL_ADC_AnalogWDGConfig()	模拟看门狗配置
	HAL_ADC_GetState()	返回 ADC 当前状态
	HAL_ADC_GetError()	返回 ADC 的错误码
软件启动转换	HAL_ADC_Start()	启动 ADC 并开始规则通道的转换
	HAL_ADC_Stop()	停止规则通道的转换，并停止 ADC
	HAL_ADC_PollForConversion()	轮询方式等待 ADC 规则通道转换完成
	HAL_ADC_GetValue()	读取规则通道转换结果寄存器的数据
中断方式转换	HAL_ADC_Start IT()	开启中断，开始 ADC 规则通道的转换
	HAL_ADC_Stop IT()	关闭中断，停止 ADC 规则通道的转换
	HAL_ADC_IRQHandler()	ADC 中断 ISR 里调用的 ADC 中断通用处理函数
DMA 方式转换	HAL_ADC_Start DMA()	开启 ADC 的 DMA 请求，开始 ADC 规则通道的转换
	HAL_ADC_Stop DMA()	停止 ADC 的 DMA 请求，停止 ADC 规则通道的转换

1) ADC 初始化

函数 HAL_ADC_Init()用于初始化某个 ADC 模块，设置 ADC 的总体参数。函数 HAL_ADC_Init()的原型定义如下：

　　　HAL_StatusTypeDef　 HAL_ADC_Init (ADC_HandleTypeDef * hadc)。

其中，参数 hadc 是 ADC_HandleTypeDef 结构体类型指针，是 ADC 外设对象指针。在 STM32CubeMX 为 ADC 外设生成的用户程序文件 adc.c 里，会为 ADC 定义外设对象变量。例如，用到 ADC1 时就会定义如下变量对象：

　　　ADC_HandleTypeDef　 hadc1;

结构体 ADC_HandleTypeDef 的定义如程序清单 7-1 所示。

程序清单 7-1　结构体 ADC HandleTypeDef 的定义

```
1.    typedef struct
2.    {
3.      ADC_TypeDef      *Instance;              //ADC 寄存器基址
4.      ADC_InitTypeDef   Init;                  //ADC 初始化参数
```

5.　　　_IO uint32_t　NbrOfCurrentConversionRank;　　　　//转换通道的个数

6.　　　DMA_HandleTypeDef　　*DMA_Handle;　　　　//DMA 流对象指针

7.　　　HAL_LockTypeDef　Lock;　　　　//ADC 锁定对象

8.　　　_IO uint32_t　State;　　　　//ADC 状态

9.　　　_IO uint32_t　ErrorCode;　　　　//ADC 错误码

10.　　} ADC_HandleTypeDef;

ADC_HandleTypeDef 的成员变量 Init 是结构体类型 ADC_InitTypeDef，它存储了 ADC 的必要参数。结构体 ADC_InitTypeDef 的定义如程序清单 7-2 所示。

程序清单 7-2　结构体 ADC InitTypeDef 的定义

1.　typedef struct

2.　{

3.　　　uint32_t　ClockPrescaler;　　　　//ADC 时钟预分频系数

4.　　　uint32_t　Resolution;　　　　//ADC 分辨率，最高为 12 位

5.　　　uint32_t　DataAlign;　　　　//数据对齐方式，右对齐或左对齐

6.　　　uint32_t　ScanConvMode;　　　　//是否使用扫描模式

7.　　　uint32_t　EOCSelection;　　　　//产生 EOC 信号的方式

8.　　　Functionalstate　ContinuousConvMode;　　　　//是否使用连续转换模式

9.　　　uint32_t　NbrOfConversion;　　　　//转换通道个数

10.　　FunctionalState　DiscontinuousConvMode;　　　　//是否使用非连续转换模式

11.　　uint32_t　NbrOfDiscConversion;　　　　//非连续转换模式的通道个数

12.　　uint32_t　ExternalTrigConv;　　　　//外部触发转换信号源

13.　　uint32_t　ExternalTrigConvEdge;　　　　//外部触发信号边沿选择

14.　　Functionalstate DMAContinuousRequests;　　　　//是否使用 DMA 连续请求

15.　} ADC_InitTypeDef;

结构体 ADC_HandleTypeDef 和 ADC InitTypeDef 成员变量的意义和取值，在后面示例里，结合 STM32CubeMX 的设置具体解释。

2) 规则转换通道配置

函数 HAL_ADC_ConfigChannel()用于配置一个 ADC 规则通道，其原型定义如下：

　　　HAL_StatusTypeDef HAL_ADC_ConfigChannel(ADC_HandleTypeDef* hadc,

ADC_ ChannelConf TypeDef* sConfig)。

其中，参数 sConfig 是 ADC_ChannelConTypeDef 结构体类型指针，用于设置通道的一些参数。这个结构体的定义如程序清单 7-3 所示。

程序清单 7-3　结构体 ADC_ChannelConfTypeDef 的定义

```
1.    typedef struct{
2.        uint32_t Channel;           //输入通道号
3.        uint32__t Rank;             //在 ADC 规则转换组里的编号
4.        uint32_t SamplingTime;   //采样时间，单位是 ADCCLK 周期数
5.        uint32_t Offset;            //信号偏移量
6.    }ADC_ChannelConfTypeDef;
```

3) 软件启动转换

函数 HAL_ADC_Start()用于以软件方式启动 ADC 规则通道的转换。软件启动转换后，需要调用函数 HAL_ADC_PollForConversion()查询转换是否完成，转换完成后可用函数 HAL_ADC_GetValue 读出规则转换结果寄存器里的 32 位数据。若要再次转换，需要再次使用这 3 个函数启动转换、查询转换是否完成、读出转换结果。使用函数 HAL_ADC_Stop()停止 ADC 规则通道转换。

这种软件启动转换的模式适用于单通道、低采样频率的 ADC 转换。几个函数的原型定义如下：

　　HAL_StatusTypeDef　HAL_ADC_Start (ADC_HandleTypeDef * hadc); //软件启动转换

　　HAL_StatusTypeDef　HAL_ADC_Stop (ADC_HandleTypeDef * hadc) ; //停止转换

　　HAL_StatusTypeDef　HAL_ADC_PollForConversion (ADC_HandleTypeDef* hadc, uint32_t Timeout);　　　　　　　　　　　　　//查询转换是否完成

　　uint32_t　HAL_ADC_GetValue (ADC_HandleTypeDef* hadc) ;　//读取转换结果寄存器的数据

其中，参数 hadc 是 ADC 外设对象指针，Timeout 是超时等待时间(单位是 ms)。

4) 中断方式转换

当 ADC 设置为用定时器或外部信号触发转换时，函数 HAL_ADC_Start_IT()用于启动转换，这会开启 ADC 的中断。当 ADC 转换完成时会触发中断，在中断服务程序里，可以用 HAL_ADC_GetValue()读取转换结果寄存器里的数据。函数 HAL_ADC_Stop_IT()可以关闭中断。开启和停止 ADC 中断方式转换的两个函数原型定义如下：

　　HAL_StatusTypeDef　HAL_ADC_Start_IT(ADC_HandleTypeDef* hadc);

　　HAL_Status TypeDef　HAL_ADC_Stop_IT (ADC_Handle Type Def* hadc);

ADC 的中断号 ISR 是 ADC_IRQHandler()。ADC 有 4 个中断事件源，中断事件类型的宏定义如下：

　　#define ADC_IT_EOC((uint32_t)　ADC_CR1_EOCIE) //规则通道转换结束(EOC)事件

　　#define ADC_IT_AWD((uint32_t) ADC_CR1_AWDIE)　//模拟看门狗触发事件

　　#define ADC_IT_JEOC ((uint32_t) ADC_CR1_JEOCIE)　//注入通道转换结束事件

　　#define ADC_IT_OVR((uint32_t) ADC_CR1_OVRIE)　//数据溢出，转换结果未及时读出

ADC 中断通用处理函数是 HAL_ADC_IRQHandler()，它内部会判断中断事件类型，并调用相应的回调函数。ADC 的 4 个中断事件类型及其对应的回调函数如表 7-2 所示。

表 7-2　ADC 的中断事件类型及其对应的回调函数

中断事件类型	中断事件	回调函数
ADC_IT_EOC	规则通道转换结束(EOC)事件	HAL_ADC_ConvCpltCallback()
ADC_IT_AWD	模拟看门狗触发事件	HAL_ADC_LevelOutOfWindowCallback()
ADC_IT_JEOC	注入通道转换结束事件	HAL_ADCEx_InjectedConvCpltCallback()
ADC_IT_OVR	数据溢出事件，即数据寄存器内的数据未被及时读出	HAL_ADC_ErrorCallback()

用户可以设置为在转换完一个通道后就产生 EOC 事件，也可以设置为转换完规则组的所有通道之后产生 EOC 事件。但是规则组只有一个转换结果寄存器，如果有多个转换通道，设置为转换完规则组的所有通道之后产生 EOC 事件，会导致数据溢出。一般设置为在转换完一个通道后就产生 EOC 事件，所以，中断方式转换适用于单通道或采样频率不高的场合。

5) DMA 方式转换

ADC 只有一个 DMA 请求，方向是外设到存储器。DMA 在 ADC 中非常有用，它可以处理多通道、高采样频率的情况。函数 HAL_ADC_Start_DMA()以 DMA 方式启动 ADC，其原型定义如下：

　　　　HAL_StatusTypeDef　HAL_ADC_Start_DMA (ADC_HandleTypeDef * hadc,
uint32_t* pData, uint 32_t Length);
其中，参数 hadc 是 ADC 外设对象指针；参数 pData 是 uint32_t 类型缓冲区指针，因为 ADC 转换结果寄存器是 32 位的，所以 DMA 数据宽度是 32 位；参数 Length 是缓冲区长度，单位是字(4 字节)。

停止 DMA 方式采集的函数是 HAL_ADC_Stop_DMA()，其原型定义如下：

　　　　HAL_StatusTypeDef　HAL_ADC_Stop_DMA (ADC_HandleTypeDef * hadc);

DMA 流的主要中断事件与 ADC 的回调函数之间的关系如表 7-3 所示，一个外设使用 DMA 传输方式时，DMA 流的事件中断一般使用外设的事件中断回调函数。

表 7-3　DMA 流中断事件类型和关联的回调函数

DMA 流中断事件类型宏	DMA 流中断事件类型	关联的回调函数名称
DMA_IT_TC	传输完成中断	HAL_ADC_ConvCpltCallback()
DMA_IT_HT	传输半完成中断	HAL_ADC_ConvHalfCpltCallback()
DMA_IT_TE	传输错误中断	HAL_ADC_ErrorCallback()

在实际使用 ADC 的 DMA 方式时发现，不开启 ADC 的全局中断也可以用 DMA 方式进行 ADC 转换。但是在实验 EX5_5 测试串口使用 DMA 时，USART1 的全局中断必须打

开。所以，某个外设在使用 DMA 时，是否需要开启外设的全局中断，与具体的外设有关。

四、具体实验

 EX7_1　使用 ADC 实现电位器电压单次采集

使用 STM32F411 单片机的 ADC，对扩展板电位器电压进行单次数据采集，并将数据通过串口传输到 PC 显示。扩展板电位器电路图如图 7-4 所示。单次采集设置和所需的 ADC 相关知识和 HAL 函数，请参考本实验中的"三、实验相关知识"中的 1、2，更详细的内容请参考单片机数据手册(文档编号 rm0388)。

使用 FreeRTOS，添加一个 ADC 任务，每隔 1 秒进行数据采集。另一个串口传输任务，实现采样数据传输。两个任务通过二值信号量进行同步。参考原教材第十章中"二值信号量"部分。

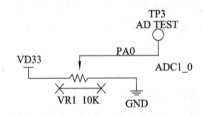

图 7-4　扩展板上电位器电路图

第一步：新建工程。打开 STM32CubeMX，新建工程，选择"Board Selector"选项下的"NUCLEO-F411RE"开发板。

第二步：时钟及 FreeRTOS 配置。

(1) 打开"System Core"选项下的"SYS"，配置"Timebase Source"为 TIM10。

(2) 打开"Middleware"选项下的"FREERTOS"，配置"Interface"为"CMSIS_V2"。

第三步：ADC1_IN0 通道配置。在"GPIO"选项下，把 PA0 管脚配置为 ADC1_IN0，作为模数转换 ADC1 通道 0 的输入源，如图 7-5 所示。

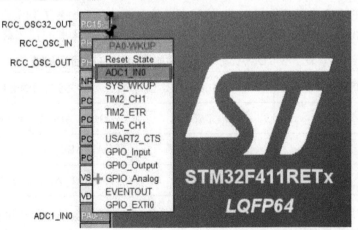

图 7-5　配置 PA0 为 ADC1_IN0

第四步：创建 ADC 采集和串口通信两个任务。

(1) 在"Middleware"下"FREERTOS"配置界面，双击"Tasks and Queues"，查看到默认的 Tasks 为"defaultTask"。将这个默认任务改为 ADC 采集任务，"Task Name"改为"ADCTask"，"Entry Function"改为"StartADCTask"，然后点击"OK"完成任务创建。

(2) 在"Middleware"下"FREERTOS"配置界面，点击"Tasks and Queues"下"Tasks"栏目的"Add"按键，添加一个串口通信的任务，"Task Name"改为"ComTask"，"Entry Function"改为"StartComTask"，然后点击"OK"完成任务创建，如图 7-6 所示。

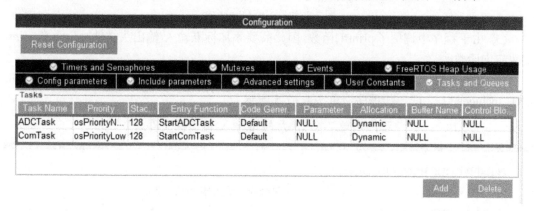

图 7-6　创建两个任务

第五步：创建一个二值信号量。在"Middleware"下"FREERTOS"配置界面，点击"Timers and Semaphores"下"Binary Semaphores"的"Add"，添加一个二值信号量，将"Semaphore Name"改为"ADCBinarySem"，然后点击"OK"完成二值信号量创建，如图 7-7 所示。

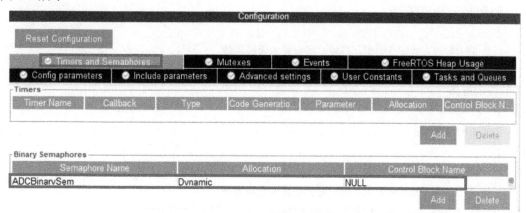

图 7-7　创建二值信号量

第六步：编写两个任务函数的代码，实现 ADC 采集和串口发送的功能。

(1) 配置 STM32CubeMX 的"Project Manager"下的开发工具、工程名、工程路径选项，点击"GENERATE CODE"生成代码，然后点击"Open Project"打开 KEIL 工程。

(2) 点击"Options for Targets"配置目标选项，勾选"Target"里面的"Use MicroLIB"，如图 7-8 所示。

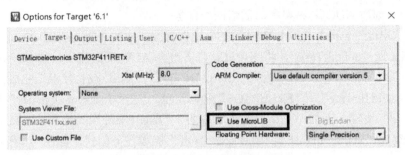

图 7-8　勾选 Use MicroLIB

（3）由于程序中调用了 printf()函数，因此需要添加标准输入/输出头文件 stdio.h 和 printf 的重定向函数。

头文件添加的位置在 main.c 文件的/*USER CODE BEGIN Includes*/和/*USER CODE END Includes */ 之间，如程序清单 7-4、7-5 所示。

程序清单 7-4　添加标准输入/输出头文件

```
1.    /* USER CODE BEGIN Includes */
2.    #include <stdio.h>                    //包含标准输入/输出头文件
3.    /* USER CODE END Includes */
```

程序清单 7-5　串口重定向函数

```
1.    /* USER CODE BEGIN 0 */
2.    int fputc(int ch,FILE *f)
3.    {
4.      // 采用轮询方式发送数据，超时时间设置为无限等待
5.      HAL_UART_Transmit(&huart2, (uint8_t *)&ch, 1, HAL_MAX_DELAY);
6.      return ch;
7.    }
8.    int fgetc(FILE *f)
9.    {
10.     uint8_t ch;
11.     // 采用轮询方式接收数据，超时时间设置为无限等待
12.     HAL_UART_Receive(&huart2, (uint8_t *)&ch, 1, HAL_MAX_DELAY);
13.     return ch;
14.   }
15.   /* USER CODE END 0 */
```

程序解析：

① 第 2~7 行是函数 fputc()的实现。函数的入口参数 ch 是需要发送的字符，f 表示文

件指针(在串口重定向中 f 这个文件指针并没有使用，仅仅是为了保证用户定义的函数和库函数中的 fputc()函数一致)。函数内部调用串口轮询方式发送函数 HAL_UART_Transmit()向串口发送 1 个无符号字符，超时时间设置为 HAL_MAX_DELAY(无限等待)。

注意：由于入口参数 ch 是整型变量，而函数 HAL_UART_Transmit()的入口参数 pdata 是指向无符号字符型的指针，因此需要进行强制类型转换，将 int 转换为 uint8_t *。

② 第 8～14 行是函数 fgetc()的实现。函数的入口参数 f 表示文件指针。函数内部调用串口轮询方式接收函数 HAL_UART_Receive()从串口接收 1 字节数据，超时时间设置为 HAL_MAX_DELAY(无限等待)。

(4) 修改 StartADCTask 函数代码。首先定义一个浮点型的全局变量"ADC_VALUE"，然后启动 ADC，等待单次 A/D 转换完成后，把转换后的数值赋给"ADC_VALUE"，采集完成后释放二值信号量，如程序清单 7-6 所示。

程序清单 7-6 StartADCTask 函数

```
1.    /* USER CODE BEGIN Header_StartADCTask */
2.    /**
3.    * @brief   Function implementing the ADCTask thread.
4.    * @param   argument: Not used
5.    * @retval None
6.    */
7.    /* USER CODE END Header_StartADCTask */
8.    void StartADCTask(void *argument)
9.    {
10.   /* USER CODE BEGIN 5 */
11.   /* Infinite loop */
12.     for(;;)
13.     {
14.       HAL_ADC_Start(&hadc1);
15.       HAL_ADC_PollForConversion(&hadc1, 10);
16.       if(HAL_IS_BIT_SET(HAL_ADC_GetState(&hadc1),
17.                         HAL_ADC_STATE_REG_EOC))
18.       {
19.       ADC_VALUE=HAL_ADC_GetValue(&hadc1);
20.       }
21.     osSemaphoreRelease(ADCBinarySemHandle);
22.     osDelay(1000);
23.   }
24.   /* USER CODE END 5 */
25.   }
```

(5) 修改"StartComTask"函数代码。在获取到二值信号量之后，通过串口向 PC 发送采集到的电压值，如程序清单 7-7 所示。

程序清单 7-7　StartComTask 函数

```
1.   /* USER CODE BEGIN Header_StartComTask */
2.   /**
3.   * @brief Function implementing the ComTask thread.
4.   * @param argument: Not used
5.   * @retval None
6.   */
7.   /* USER CODE END Header_StartComTask */
8.   void StartComTask(void *argument)
9.   {
10.    /* USER CODE BEGIN StartComTask */
11.    /* Infinite loop */
12.    for(;;)
13.    {
14.      osSemaphoreAcquire(ADCBinarySemHandle,osWaitForever);
15.      printf("ADC_Value:%.2fV\r\n",ADC_VALUE*3.3f/4095.0f);
16.      osDelay(1);
17.    }
18.    /* USER CODE END StartComTask */
19.  }
```

第七步：编译并下载程序，旋转扩展板上的电位器，通过串口查看电压值，测试结果如图 7-9 所示。

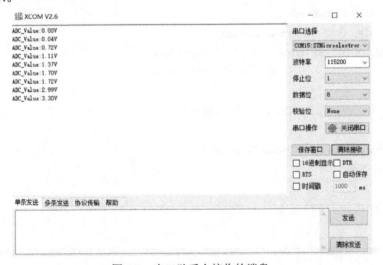

图 7-9　串口助手上接收的消息

EX7_2　ADC、串口、OLED 综合应用

在实验 EX7_1 基础上增加一个任务，单次采集电位器电压，除了通过串口发送外，还可以在 OLED 刷新显示。OLED 的使用方法可参考"EX2_9 使用 BSP 方式在 OLED 显示浮点型变量"。扩展板 OLED 电路图如图 7-10 所示。

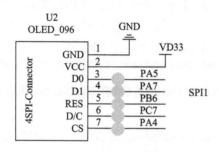

图 7-10　扩展板上 OLED 的电路图

第一步：打开工程。打开实验 EX7_1 的 STM32CubeMX 工程。

第二步：添加 OLED 显示任务。在"Middleware"下"FREERTOS"界面，点击"Tasks and Queues"下 Tasks 栏目中的"Add"，添加 OLED 显示任务，"Task Name"改为"myOledTask"，"Entry Function"改为"StartOledTask"，然后点击"OK"完成创建，如图 7-11 所示。

Task Name	Priority	St.	Entry Function	Code Ge.	Par.	Allocation	Buffer N.	Control
ADCTask	osPrior...	128	StartADCTask	Default	NULL	Dynamic	NULL	NULL
ComTask	osPrior...	128	StartTComTask	Default	NULL	Dynamic	NULL	NULL
myOledTask	osPrior...	128	StartOledTask	Default	NULL	Dynamic	NULL	NULL

图 7-11　添加 OLED 显示任务

第三步：配置 SPI1。首先查找 PA5 管脚，用鼠标左键点击该管脚，在弹出的选项栏点击"Reset_State"。然后打开"Connectivity"选项下的"SPI1"设置界面，配置 Mode 为"Transmit Only Master"，"Hardware NSS Signal"为"Hardware NSS Output Signal"，如图 7-12 所示。

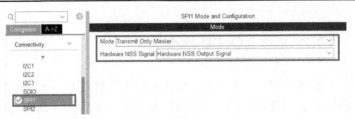

图 7-12　配置 SPI1

第四步：配置 PC7 和 PB6 管脚。查找 PC7 和 PB6 管脚，设置为"GPIO_Output"。然后打开"System Core"下的"GPIO"配置界面，点击 PC7，把"User Label"改名为"DC"，点击 PB6，把"User Label"改名为"RES"，如图 7-13 所示。

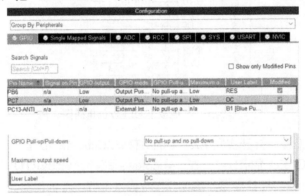

图 7-13　配置 PC7 和 PB6 管脚

第五步：编写任务函数的代码。

(1) 配置"Project Manager"菜单的选项后，点击"GENERATE CODE"生成代码，然后点击"Open Project"打开 KEIL 工程。

(2) 根据项目工程路径打开工程文件夹，在 Drivers 文件夹下新建一个 BSP 文件夹，把 OLED 的驱动程序 BSP_OLED.c 和 BSP_OLED.h 放到 BSP 文件夹下。

(3) 在 KEIL 工程文件中添加一个组，命名为 BSP，在组里面添加 BSP_OLED.c 驱动文件，并将 BSP_OLED.h 头文件的路径添加到编译器中，如图 7-14 所示。

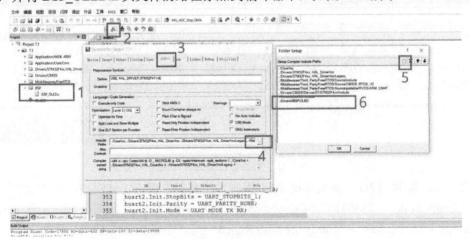

图 7-14　添加 BSP_OLED.h 头文件路径

(4) 在 main.c 中添加 OLED 驱动程序的头文件#include "BSP_OLED.h"，并将 OLED 初始化，如程序清单 7-8、7-9 所示。

程序清单 7-8　添加头文件

```
1.   /* USER CODE BEGIN Includes */
2.   #include "stdio.h"
3.   #include "BSP_OLED.h"
4.   /* USER CODE END Includes */
```

程序清单 7-9　OLED 初始化

```
1.   /* USER CODE BEGIN 2 */
2.   BSP_OLED_Init();
3.   /* USER CODE END 2 */
```

(5) 编写 OLED 显示 StartOLEDTask 函数的代码。首先定义一个用于 OLED 显示的全局变量数组 str1[]，语句为"char str1[16]={0}"。当获取到二值信号量之后通过 sprintf 函数把数据保存到字符数组，然后进行 OLED 的显示和更新，如程序清单 7-10 所示。

程序清单 7-10　StartOledTask 函数

```
1.   /* USER CODE BEGIN Header_StartOledTask */
2.   /**
3.   * @brief Function implementing the myOledTask thread.
4.   * @param argument: Not used
5.   * @retval None
6.   */
7.   /* USER CODE END Header_StartOledTask */
8.   void StartOledTask(void *argument)
9.   {
10.    /* USER CODE BEGIN StartOledTask */
11.    /* Infinite loop */
12.    for(;;)
13.    {
14.      osSemaphoreAcquire(ADCBinarySemHandle,osWaitForever);      //等待二值信号量
15.      sprintf(str1,"ADC_VALUE: %.3fV",ADC_VALUE*3.3f/4095.0f);    //拷贝字符串
16.      BSP_OLED_ShowString(0,24, str1);                          //在 OLED 显示字符串
17.      BSP_OLED_Refresh();                                        //OLED/更新显示
```

```
18.        osDelay(1);
19.    }
20.    /* USER CODE END StartOledTask */
21.  }
```

第六步：编译并下载程序，旋转扩展板上的电位器，通过串口查看电压值，同时通过 OLED 显示电位器电压值，测试结果如图 7-15 所示。

图 7-15　实验效果图

EX7_3　以 1 kHz 采样率采集方波信号并通过串口输出

修改实验 EX7_1 程序，第一个 ADC 任务，每隔 1 ms 进行一次单次数据采集，采样率大概是 1 kHz。采集 20 个数据之后，启动数据传输。另一个串口传输任务，实现采样数据传输。两个任务通过二值信号量进行同步。使用信号源，输出 100 Hz 的方波信号，使用 PA0 管脚进行数据采集，使用串口查看采样结果，计算采样频率，看是否达到 1 kHz。

第一步：打开工程。打开实验 EX7_1 的 MDK-KEIL 工程。

第二步：编写任务函数代码。

(1) 在"main.c"定义一个用于保存采样数据的全局变量数组，语句为"uint32_t adcConvertValue[20];"。定义全局变量 i，语句为"int i=0;"。

(2) 编写 ADC 采集任务 StartADCTask 函数的代码。每隔 1 ms 进行一次数据采集，采 20 个数据之后，释放二值信号量，如程序清单 7-11 所示。

程序清单 7-11　StartADCTask 函数

```
1.   /* USER CODE BEGIN Header_StartADCTask */
2.   /**
3.   * @brief   Function implementing the ADCTask thread.
4.   * @param   argument: Not used
5.   * @retval None
6.   */
7.   /* USER CODE END Header_StartADCTask */
8.   void StartADCTask(void *argument)
9.   {
10.    /* USER CODE BEGIN 5 */
11.    /* Infinite loop */
12.    for(;;)
13.    {
14.      HAL_ADC_Start(&hadc1);//启动 ADC
15.      HAL_ADC_PollForConversion(&hadc1, 10);//等待转换
16.      if(HAL_IS_BIT_SET(HAL_ADC_GetState(&hadc1), HAL_ADC_STATE_REG_EOC))
17.      {
18.        adcConvertValue[i]=HAL_ADC_GetValue(&hadc1);//取采样值
19.      }
20.      osDelay(1);
21.      i++;
22.      if(i==20)
23.      {
24.        i=0;
25.        osSemaphoreRelease(ADCBinarySemHandle);//释放二值信号量
26.        osDelay(1000);
27.      }
28.    }
29.    /* USER CODE END 5 */
30.  }
```

（3）编写串口通信任务 StartComTask 函数代码。在获取到二值信号量之后，通过串口向 PC 发送所采集到的 20 次的电压值，如程序清单 7-12 所示。

程序清单 7-12　　StartComTask 函数

```
1.    /* USER CODE BEGIN Header_StartComTask */
2.    /**
3.    * @brief Function implementing the ComTask thread.
4.    * @param argument: Not used
5.    * @retval None
6.    */
7.    /* USER CODE END Header_StartComTask */
8.    void StartComTask(void *argument)
9.    {
10.    /* USER CODE BEGIN StartComTask */
11.    /* Infinite loop */
12.    for(;;)
13.    {
14.      osSemaphoreAcquire(ADCBinarySemHandle,osWaitForever);//等待二值信号量
15.      for(int j=0;j<20;j++)
16.      printf("V1:%.2fV\r\n",adcConvertValue[j]*3.3f/4095.0f);//串口输出采样值
17.    }
18.    /* USER CODE END StartComTask */
19.    }
```

第三步：编译并下载程序。由于扩展板的电位器接到 PA0，为避免干扰信号源信号，首先移除扩展板。

查看 STM32F411-Nucleo 开发板的扩展接口，查找 PA0 管脚和 GND 管脚的位置，如图 7-16 所示。

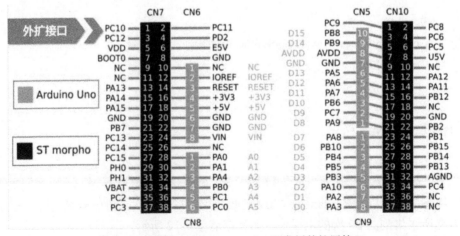

图 7-16　查看 STM32F411-Nucleo 开发板的扩展接口

　　然后将信号源设置输出方波，频率为 100 Hz，峰值 3 V，直流偏移为 1.5 V。这样输出的信号为 0~3 V 的方波，占空比为 50%，如图 7-17 所示。

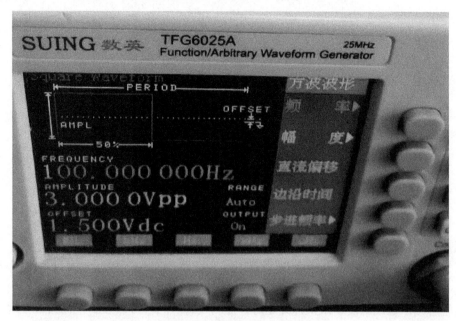

图 7-17　使用信号源输出频率为 100 Hz 方波

　　将信号源的输出端使用杜邦线接到开发板的扩展接口 PA0 管脚和 GND 管脚，如图 7-18 所示。

图 7-18　连接信号源和单片机的 PA0 管脚和 GND 管脚

　　打开串口调试软件，通过串口查看 20 个电压采样值，如图 7-19 所示。

图 7-19   查看采样值确定采样率

通过测试发现，采样得到的 20 个采样值中，连续有 5 个高电平，5 个低电平。也就是说，每个输入的方波信号，一共有 10 个采样点，采样频率是信号频率的 10 倍。输入信号频率是 100 Hz，采样频率确定为 1 kHz。

实验总结：通过重复单次采样并延时，控制延时时间，可以控制采样频率。这种方法适用于低速采样中的采样率设置。

EX7_4   使用 DMA 和定时器触发 A/D 转换实现 100 kHz 采样率

当需要比较高的采样率的时候，通过延时控制采样率方法就不太精准了。本实验通过定时器 3 触发，实现精准、高速采样，采样率由定时器频率设置。

第一步：新建工程。打开 STM32CubeMX，新建工程，选择 "Board Selector" 下 "NUCLEO-F411RE" 开发板。

第二步：配置 TIM3。查看时钟树，可发现控制定时器 3 的时钟总线 APB1 默认为 84 MHz，如图 7-20 所示。

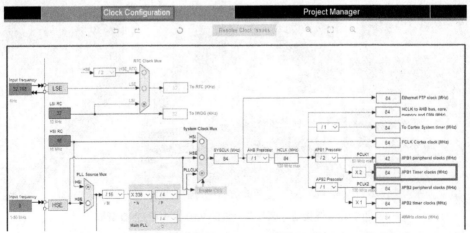

图 7-20   查看 APB1 总线时钟频率

在"Timers"选项的"TIM3"设置界面,把"Clock Source"配置为"Internal Clock";在"Parameters Settings"设置栏,把"Counter Settings"下预分频系数"Prescaler"设置为83,"Counter Period"设置为9;在"Trigger Output Parameters"下把"Trigger Event Selection"设置为"Update Event",如图 7-21 所示。

此时,定时器 3 的触发频率为 84 MHz/[(83 + 1) × (9 + 1)] = 100 kHz,并定期更新"Update Event"。

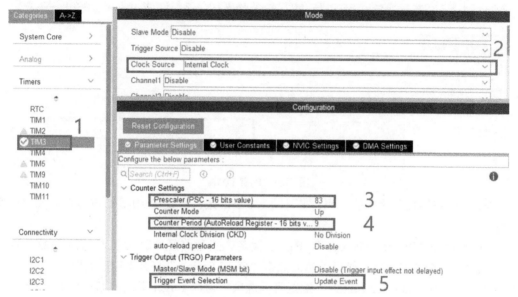

图 7-21　配置 TIM3

第三步:配置 ADC 及 DMA。

(1) 把 PA0 管脚设置为 ADC1_IN0 通道输入;在"Parameters Settings"界面把"ADC_Settings"的"DMA Continuous Requests"设置为"Enabled";在"ADC_Regular_ConversionMode"栏目下把"External Trigger Conversion Source"设置为"Timer3 Trigger Out event",如图 7-22 所示。

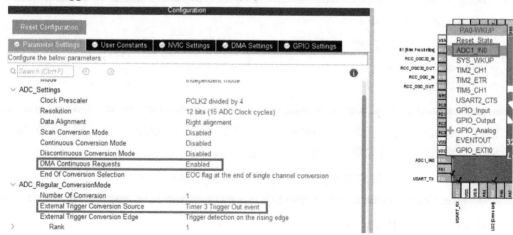

图 7-22　配置 ADC

（2）点击"DMA Settings"下"Add"按键，配置一个 ADC1 的 DMA 通道，把数据宽度"Data Width"设置为"Word"（32 位），如图 7-23 所示。

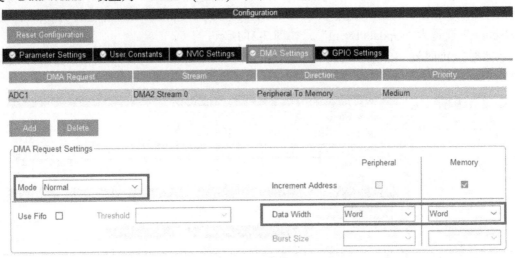

图 7-23　配置 DMA

第四步：编写任务函数的代码，实现以 100 kHz 采样率采样 10 kHz 方波信号并通过串口输出。

（1）配置好"Project Manager"下的工程名、工程路径、开发工具等选项后，点击"GENERATE CODE"生成代码，然后点击"Open Project"打开 KEIL 工程。

（2）点击"Options for Targets"配置目标选项，勾选 Target 里面的 Use MicroLIB。

（3）在 main.c 中添加标准库文件#include <stdio.h>，再添加 printf 的重定向函数。参照实验 EX7_1 相关配置。

（4）在 main.c 中定义一个用于保存采样数据的全局变量数组"adcConvertValue[200]"和采样是否结束的标志位"flag"，如程序清单 7-13 所示。

程序清单 7-13　定义全局变量数组及标志位

```
1.    /* USER CODE BEGIN PV */
2.    uint32_t adcConvertValue[500]={0};
3.    uint8_t flag=1;
4.    /* USER CODE END PV */
```

（5）在 main.c 中进行定时器、DMA、ADC 初始化之后，启动定时器 3 以及 DMA 传输，每次传输 200 个采样数据后产生中断，如程序清单 7-14 所示。

程序清单 7-14　启动 TIM3 及 DMA 传输

```
1.    /* USER CODE BEGIN 2 */
2.    HAL_TIM_Base_Start(&htim3);//启动定时器 3
```

3.　HAL_ADC_Start_DMA(&hadc1, (uint32_t *)adcConvertValue,200);//启动 ADC 的 DMA 传输，采 200 点

4.　/* USER CODE END 2 */

(6) 修改 DMA 的中断处理函数。

首先在"stm32f4xx_it.c"文件中，引用 main.c 中定义的全局变量"flag"、定时器 3 的结构体"htim3"和 ADC1 的结构体"hadc1"，如程序清单 7-15 所示。

程序清单 7-15　引用 main.c 中的结构体及标志位变量

1.　/* USER CODE BEGIN EV */

2.　extern TIM_HandleTypeDef htim3;

3.　extern ADC_HandleTypeDef hadc1;

4.　extern uint8_t flag;

5.　/* USER CODE END EV */

当采满 200 个数据时，MCU 会产生中断，进入到 DMA 的中断响应函数，在中断响应函数里面更改标志位，停止 TIM3 及 DMA 的传输，如程序清单 7-16 所示。

程序清单 7-16　修改 DMA 的中断响应函数

1.　/**

2.　* @brief This function handles DMA2 stream0 global interrupt.

3.　*/

4.　void DMA2_Stream0_IRQHandler(void)

5.　{

6.　　/* USER CODE BEGIN DMA2_Stream0_IRQn 0 */

7.　　/* USER CODE END DMA2_Stream0_IRQn 0 */

8.　　HAL_DMA_IRQHandler(&hdma_adc1);

9.　　/* USER CODE BEGIN DMA2_Stream0_IRQn 1 */

10.　　HAL_TIM_Base_Stop(&htim3);//定时器 3 停止

11.　　HAL_ADC_Stop_DMA(&hadc1);//停止 ADC 的 DMA 传输

12.　　flag=1;//标志位置 1，表示本次采样结束

13.　　/* USER CODE END DMA2_Stream0_IRQn 1 */

14.　}

(7) 修改 while(1)主循环代码。当采满 200 个数据后(标志位为 1)，通过串口向 PC 发送所采集到的前 40 个电压值，并启动 TIM3 及 DMA 的传输，开启下一次数据的采集，如程序清单 7-17 所示。

程序清单 7-17　　修改 while(1)主循环代码

```
1.    /* USER CODE BEGIN WHILE */
2.    while (1)
3.    {
4.      /* USER CODE END WHILE */
5.      /* USER CODE BEGIN 3 */
6.      if(flag==1)
7.      {
8.        flag=0;
9.        for(int j=0;j<40;j++)
10.       printf("V1=%.3f v\n",(adcConvertValue[j]&0xffff)*3.3f/4095.0f);//串口输出采样值
11.       HAL_Delay(3000);
12.       HAL_TIM_Base_Start(&htim3);   //重新启动定时器 3
13.       HAL_ADC_Start_DMA(&hadc1, (uint32_t *)adcConvertValue,200);//重新开始下一轮采集
14.     }
15.   }
```

　　第五步：编译并下载程序，采用实验 EX7_3 同样的方法，使用信号源给单片机的 PA0 管脚输入 10 kHz 方波，如图 7-24 所示。

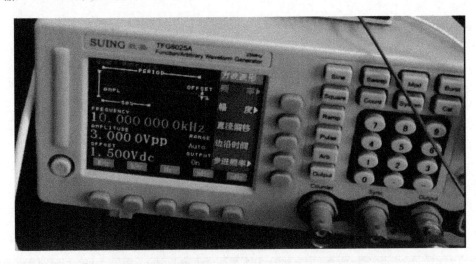

图 7-24　使用信号源输出 10 kHz 方波

　　通过串口查看采样信号，确认采样的电压幅值、采样频率是否正确，如图 7-25 所示。图 7-25 中，高电平电压近 3 V，低电平 0 V，每个周期方波信号采集到 10 个采样点。信号频率为 10 kHz，则采样频率为 100 kHz。由此可知，A/D 转换的电压幅值、频率均正确。

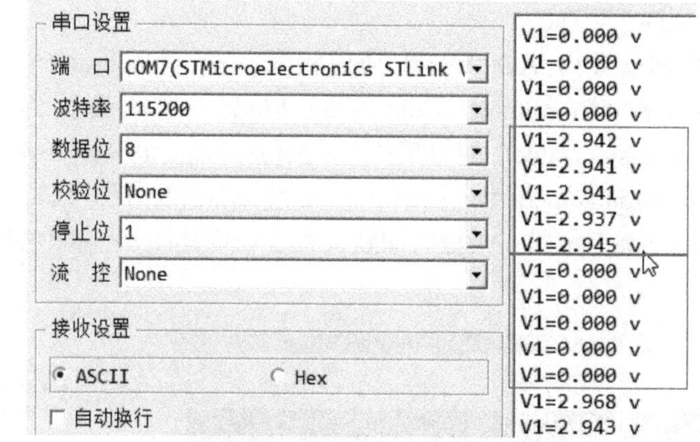

图 7-25 使用串口接收 100 kHz 采样数据

实验小结：本实验使用定时器触发 ADC 高速数据采集，采样率由定时器的触发频率决定。使用 DMA 方式，将采样数据从外设(ADC)传输到内存(单片机的 RAM，即本实验定义的全局变量数组)，可以在不需要 CPU 介入的情况下完成数据传输。关于 DMA 和 ADC 传输所需要的 HAL 函数更详细的内容请参考芯片数据手册(文档编号 rm0388)。本实验设置的 DMA 数据宽度为 32 位的 Word，对于 12 位 ADC 来说，16 位的 Half Word 也是足够的，读者可以自行修改尝试。

EX7_5 使用 DMA 方式实现 2.4 MHz 最高采样率

本实验将采用 DMA 方式，实现 STM32F411 单片机能达到的最高采样率 2.4 MHz 并测试验证。DMA 和 ADC 工作方式以及所需要的 HAL 函数，更详细的内容请参考单片机数据手册(文档编号为 rm0388)。

第一步：新建工程。打开 STM32CubeMX，新建工程，选择“Board Selector”选项下“NUCLEO-F411RE”开发板。

第二步：修改时钟树中“HCLK”为 72 MHz，点击回车，此时驱动 ADC 的 PCLCK2 也自动修改为 72 MHz。注意，在主时钟默认为 84 MHz 的情况下，不能得到最高采样率，读者可以自行尝试，如图 7-26 所示。

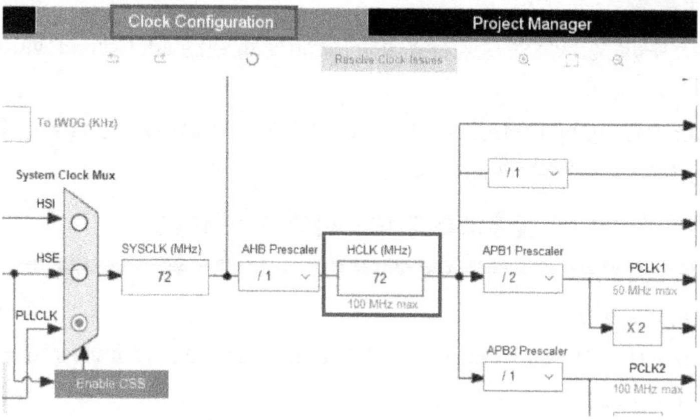

图 7-26 修改时钟树中的主时钟

第三步：配置 ADC 及 DMA。

(1) 将 PA0 管脚设置为 ADC1_IN0 通道输入，在 "Parameters Settings" 栏目把 "ADC_Settings" 下的 "Continuous Conversion Mode" 选项设置为 "Enabled"，将 "ADC_Regular_ConversionMode" 栏目下的 "External Trigger Conversion Source" 选项设置为 "Regular Conversion launched by software"，将 ADC 的时钟 "Clock Prescaler" 设置为最高的 "PCLK2 divided by 2"，采样时间默认为 3 个周期(单次采样总共 15 个时钟周期)，如图 7-27 所示。

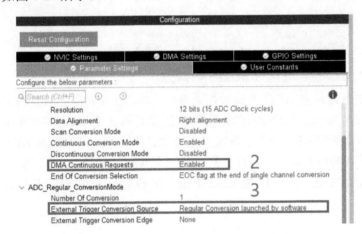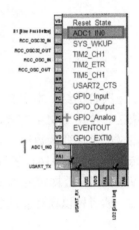

图 7-27　配置 ADC

(2) 点击 "DMA Settings" 下 "Add" 按键，配置一个 ADC1 的 DMA 通道，把 "Data Width" 设置为 "Word" (32 位)。

第四步：编写代码。实现以 2.4 MHz 极限采样率采样 200 kHz 方波信号并通过串口输出。

(1) 配置好 "Project Manager" 栏目下的工程名、工程路径、开发工具等选项后，点击 "GENERATE CODE" 生成代码，然后点击 "Open Project" 打开 KEIL 工程。

(2) 点击 "Options for Targets" 配置目标选项，勾选 Target 里面的 Use MicroLIB。

(3) 在 main.c 中添加标准库文件#include <stdio.h>，再添加 printf 的重定向函数。参照实验 EX7_1 相关配置。

(4) 在 main.c 中定义一个保存采样数据的全局变量数组 adcConvertValue[200] 和标志位变量 flag。

(5) 在 main.c 中，进行 DMA、ADC 初始化之后，启动 DMA 传输，每次传输 200 个采样数据后产生中断，如程序清单 7-18 所示。

程序清单 7-18　启动 DMA 传输

```
1.   /* USER CODE BEGIN 2 */
2.   HAL_ADC_Start_DMA(&hadc1, (uint32_t *)adcConvertValue,200);//启动 adc 的 dma 模式采集
3.   /* USER CODE END 2 */
```

(6) 修改 DMA 的中断处理函数。首先在 STM32f4xx_it.c 文件里面引用 main.c 中定义的标志位变量 extern uint8_t flag 和 ADC1 的结构体 extern ADC_HandleTypeDef hadc1，如程序清单 7-19 所示。

程序清单 7-19　引用 main.c 中的结构体及标志位变量

```
1.   /* USER CODE BEGIN EV */
2.   extern ADC_HandleTypeDef hadc1;
3.   extern uint8_t flag;
4.   extern DMA_HandleTypeDef hdma_adc1;
5.   /* USER CODE END EV */
```

当采完 200 个数据时，CPU 会进入到 DMA 的中断响应函数，在中断响应函数里面更改标志位，停止 DMA 的传输，如程序清单 7-20 所示。

程序清单 7-20　修改 DMA 的中断响应函数

```
1.   /**
2.   * @brief This function handles DMA2 stream0 global interrupt.
3.   */
4.   void DMA2_Stream0_IRQHandler(void)
5.   {
6.   /* USER CODE BEGIN DMA2_Stream0_IRQn 0 */
7.   /* USER CODE END DMA2_Stream0_IRQn 0 */
8.   HAL_DMA_IRQHandler(&hdma_adc1);
9.   /* USER CODE BEGIN DMA2_Stream0_IRQn 1 */
10.  HAL_ADC_Stop_DMA(&hadc1);//停止本次采集
11.  flag=1;
12.  /* USER CODE END DMA2_Stream0_IRQn 1 */
13.  }
```

(7) 修改主函数 main.c 中的 while(1)主循环代码。当采样 200 个数据后，通过串口向 PC 发送所采集到的前 40 个电压值，并启动 DMA 的传输，开启下一次数据的采集，如程序清单 7-21 所示。

程序清单 7-21　while(1)主循环代码

```
1.   /* USER CODE BEGIN WHILE */
2.   while (1)
3.   {
```

```
4.      /* USER CODE END WHILE */
5.      /* USER CODE BEGIN 3 */
6.      if(flag==1)
7.      {
8.          flag=0;
9.          for(int j=0;j<40;j++)
10.         printf("V1=%.3f v\n",(adcConvertValue[j]&0xffff)*3.3f/4095.0f);
11.         HAL_Delay(3000);
12.         HAL_ADC_Start_DMA(&hadc1, (uint32_t *)adcConvertValue,200);
13.     }
14. }
```

第五步：编译并下载程序，采用实验 EX7_4 同样的方法，使用信号源给单片机的 PA0 管脚输入 200 kHz 方波，通过串口查看采样信号，确认采样到的电压幅值、采样频率是否正确，如图 7-28 所示。

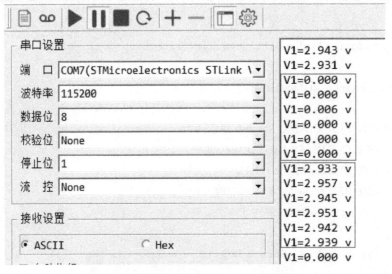

图 7-28　使用串口接收 2.4 MHz 采样数据

在图 7-28 中，高电平电压近 3 V，低电平 0 V，输入信号的每个周期方波信号可采集到 12 个采样点。信号频率为 200 kHz，则采样频率为 2.4 MHz。计算过程为：ADC 的时钟为 PLCK2/2 = 36 MHz，每次采样最少需要 15 个时钟周期，则采样率最高为 36 MHz/15= 2.4 MHz。

由此可知，A/D 转换的电压幅值、频率均正确。

实验小结：本实验采用 DMA 方式，实现了 STM32F411 单片机的最高采样率 2.4 MHz，并测试验证。注意，为得到最高采样率，时钟树必须设置 PLCK2 为 72 MHz，而不是默认的 84 MHz。读者可以尝试更改设置并思考原因。

与实验 EX7_4 的区别是本实验为尽可能快速采样，没有采用定时器触发，而是设置好

DMA 和 ADC 之后，启动 DMA 全速采样、传输到内存，这是最快的连续采样方式。

EX7_6　使用轮询方式实现双通道准同步采样

修改实验 EX7_4，使用 ADC 的 IN0 通道(PA0)和 IN1 通道(PA1)管脚轮流采集信号源 10 kHz 方波信号，并通过串口输出到 PC 查看。

STM32F411RE 单片机只有一个 ADC，严格意义上并不能真正实现两个通道数据同时采样。本实验中，我们使用轮询方式，实现单个 ADC 对两个通道轮流采样，在采样速度高达 100 kHz 的情况下，相当于两通道准同步采样。

第一步：配置 ADC 双通道采样及 DMA。

(1) 打开实验 EX7_4 的 STM32CubeMX 工程，修改 PA0 管脚设置为 ADC1_IN0 通道输入，把 PA1 管脚设置为 ADC1_IN1 通道输入。

(2) 在 Parameters Settings 下把 ADC_Settings 下 DMA Continuous Requests 设置为 Enabled，规则通道转换模式 ADC_Regular_ConversionMode 选项下 External Trigger Conversion Source 设置为 Timer3 Trigger Out event，规则转换通道数 Number Of Conversion 设置为 2，Rank1 下的 Channel 设置为 Channel 0，Rank2 下的 Channel 设置为 Channel 1，如图 7-29 所示。

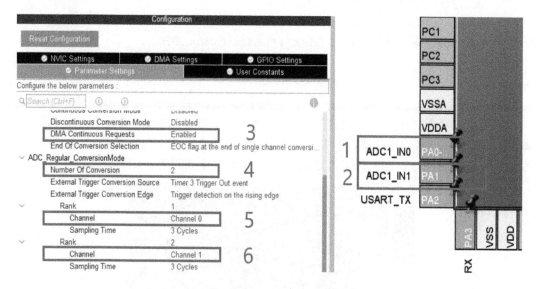

图 7-29　配置 ADC 双通道采样

第二步：编写代码。实现以 100kHz 采样率进行双通道同步采样并通过串口输出。

(1) 配置好 STM32CubeMX 的 Project Manager 下的选项后点击 GENERATE CODE 生成代码，然后点击 Open Project 打开 KEIL 工程。

(2) 修改 while(1)主循环代码。当采满 200 个数据后，通过串口向 PC 分别发送通道 0 和通道 1 所采集到的前 20 个电压值，并再次启动 TIM3 及 DMA 传输，开启下一次数据的采集。注意，两通道数据是交替存储在数组中的，读取的时候注意处理，如程序清单 7-22 所示。

程序清单 7-22　while(1)主循环代码

```
1.    /* USER CODE BEGIN WHILE */
2.    while (1)
3.    {
4.      /* USER CODE END WHILE */
5.      /* USER CODE BEGIN 3 */
6.      if(flag==1)
7.      {
8.        flag=0;
9.        for(int j=0;j<40;j=j+2)//第一通道
10.       printf("V1=%.3f v\n",(adcConvertValue[j]&0xffff)*3.3f/4095.0f);
11.       HAL_Delay(2000);
12.       printf("************************\n");
13.       for(int j=1;j<40;j=j+2)//第二通道
14.       printf("V2=%.3f v\n",(adcConvertValue[j]&0xffff)*3.3f/4095.0f);
15.       HAL_Delay(2000);
16.       printf("************************\n");
17.       HAL_TIM_Base_Start(&htim3);
18.       HAL_ADC_Start_DMA(&hadc1, (uint32_t *)adcConvertValue,200);
19.     }
20.   }
```

第三步：编译并下载程序，将扩展板通过 Arduino 接口安装在开发板上，由于 PA0 管脚已经连接了扩展板的电位器，我们使用信号源给单片机的 PA1 管脚和 GND 输入 10 kHz 方波，如图 7-30 所示。PA1 管脚和 GND 管脚的具体位置可以查看图 7-16 和图 7-18。

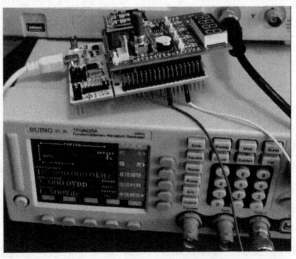

图 7-30　输入 10 kHz 信号进行测试

打开串口调试软件，测试双通道采样结果，如图 7-31 所示。

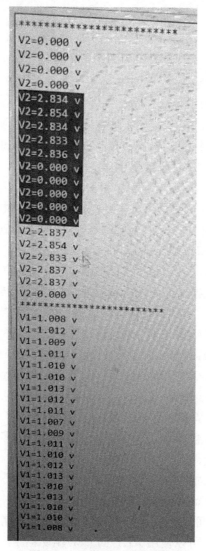

图 7-31　串口输出采样结果

在图 7-31 中，V1 代表输出的 PA0 通道即电位器电压值，旋转电位器，可以看到该值变化范围为 0～3.3 V；V2 是信号源输入的 10 kHz 的方波，10 个采样点一个方波周期，则采样频率为 100 kHz。

实验小结：本实验采用规则通道模式，实现双通道准同步采样，注意该单片机只有一个 ADC，实际上是通过模拟开关高速切换，实现两个模拟信号的轮流采样，因此两通道信号是准同步采样，而不是真正的同步采样。

五、实验总结

本实验内容是原教材上没有的，因此在实验之前，首先介绍了 ADC 的基础知识以及相关的 HAL 驱动函数，然后通过 6 个实验让读者学习单通道、多通道、高速采样，以及采样频率控制和测试的方法。

六、实验作业

(1) 修改实验 EX7_1 程序，结合实验 EX2_13，使用 FreeRTOS 添加一个数码管刷新显示的任务，每隔 20ms 刷新数码管，显示当前电位器的电压值。

(2) 修改实验 EX7_1 程序，使用 ADC 的看门狗功能，当采样电压值超过 1.0 V 时，才通过串口将采样数据输出到 PC。看门狗的使用方法，请参照 STM32F4 固件包中的 "…\STM32Cube_FW_F4_V1.26.0\Projects\STM32F411RE-Nucleo\Examples_LL\ADC\ADC_AnalogWatchdog" 例程以及单片机数据手册。

(3) 使用 ADC 和单片机自带的温度传感器，采集芯片自身温度，并显示在 OLED，可参照实验 EX2_10，将 LM75 传感器部分驱动去掉，加入单片机自带的温度传感器 ADC 部分，可参照 STM32F4 固件包中 "…\STM32Cube_FW_F4_V1.26.0 \Projects\ STM32F411RE-Nucleo\Examples_LL\ADC\ADC_TemperatureSensor" 例程。

(4) 使用 ADC 的 DMA 模式。使用 STM32F411 单片机的 ADC，以 DMA 方式，对扩展板电位器电压进行连续数据采集，并将数据通过串口连续传输到 PC 显示。串口传输也采用 DMA 模式，采用波特率 115 200 发送的时候，如果要实现连续采样和发送，ADC 采样频率最高能到多少？DMA 方式可参照 STM32F4 固件包中 "…\STM32Cube_FW_F4_V1.26.0\Projects\STM32F411RE-Nucleo\Examples_LL\A　DC\ADC_ContinuousConversion_TriggerSW" 例程以及 "..\STM32Cube_FW_F4_V1.26.0\ Projects\STM32F411RE-Nucleo\Examples_LL\ADC\ADC_SingleConversion_TriggerTimer_DMA"。要实现连续数据采集，需要使用 DMA 传输中的全满和半满中断来实现速度匹配，这一技术在音频或视频播放器、数码相机等产品设计中，匹配 sd 卡、音频芯片、视频芯片等多种外设速度不匹配问题时，经常用到，请读者好好体会。

(5) 学习 STM32F4 固件包中自带的 "..\STM32Cube_FW_F4_V1.26.0\ Projects\STM32F411RE-Nucleo\Applications\EEPROM" 例程，由按键控制，将 ADC 转换的 32 个数据存储在 EEPROM，并可以通过另一个按键控制，从存储器中读出采样数据并传输给 PC。按键控制的扫描程序，可以使用 KEY 的 BSP 驱动程序，在操作系统中添加一个任务实现。测试时，可以在采样结束后断电，然后重启单片机后，再次通过读取和传输上次数据，测试 EEPROM 掉电不丢失的功能。

实验八　综合设计 1——基于 ADC 和 CMSIS-DSP 库的数字频率计

一、实验目的

学习 ST 公司数字信号处理的官方文档 an4841-digital-signal-processing-for-stm32-microcontrollers-using-cmsis-stmicroelectronics.pdf，以及 STM32F4 固件包中的官方例程，了解 ARM 公司数字信号处理 CMSIS-DSP 库的基本功能，包括数学运算、PID 控制、快速傅里叶变换(FFT)、矩阵运算、统计运算等相关函数，以及该库在 STM32F4 单片机中的移植和使用方法。

二、实验内容

(1) 学习 F4 固件包中的 arm_fft_bin_example 例程。

(2) 在实验 EX7_4 的基础上，参考 "arm_fft_bin_example" 例程，移植 CMSIS-DSP 库中 FFT 等相关函数，对采集到的信号进行快速傅里叶变换，计算信号频率、幅值、最大值、最小值，并通过串口输出，同时在数码管、OLED 上进行显示，综合使用定时器、ADC、串口通信、数码管、OLED、按键等资源，实现对周期性信号的数据采集和频率计算。

三、实验相关知识

1. 数字信号处理简介

数字信号处理(Digital Signal Processing，DSP)是一门涉及许多学科且广泛应用于许多领域的新兴学科。20 世纪 60 年代以来，随着计算机和信息技术的飞速发展，数字信号处理技术应运而生并得到迅速发展。在过去的 20 多年时间里，数字信号处理已经在通信等领域得到极为广泛的应用。

数字信号处理是利用计算机或专用处理设备，以数字形式对信号进行采集、变换、滤波、估值、增强、压缩、识别等处理，以得到符合人们需要的信号形式。

数字信号处理是围绕着数字信号处理的理论、实现和应用等几个方面发展起来的。数字信号处理在理论上的发展推动了数字信号处理应用的发展。反过来，数字信号处理的应用又促进了数字信号处理理论的提高。而数字信号处理的实现则是理论和应用之间的桥梁。

数字信号处理以众多学科为理论基础，所涉及的范围极其广泛。例如，在数学领域，微积分、概率统计、随机过程、数值分析等都是数字信号处理的基本工具；数字信号处理与网络理论、信号与系统、控制论、通信理论、故障诊断等也密切相关；近来新兴的一些学科，如人工智能、模式识别、神经网络等，也都与数字信号处理密不可分。可以说，数字信号处理是把许多经典的理论体系作为自己的理论基础，同时又使自己成为一系列新兴学科的理论基础。

2. ARM 官方提供的 CMSIS-DSP 库简介

ARM 公司推出的 Cortex-M4 内核带有 FPU、DSP 和 SIMD 单元，针对这些单元也增加了专用指令，如图 8-1 所示。

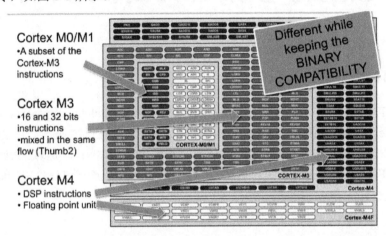

图 8-1　Cortex-M4 核中自带数字信号处理指令和浮点运算单元示意图

ARM 官方对此也专门做了一个 DSP 库，方便客户调用，主要包含以下数字信号处理算法：

(1) BasicMathFunctions 基本数学运算函数，提供基本的数学运算，如加、减、乘、除等，以_f32 结尾的函数是浮点运算，以_q8、_q15、_q31 结尾的函数是定点运算，如图 8-2 所示。

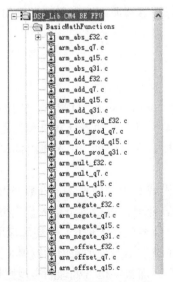

图 8-2　基本数学运算函数

(2) FastMathFunctions：快速数学计算函数，主要提供 sin、cos 以及平方根 sprt 的运算，如图 8-3 所示。

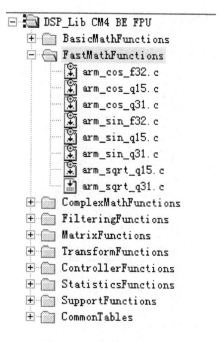

图 8-3　快速数学计算函数

(3) ComplexMathFunctions：复杂数学计算函数，主要是向量，求模等运算，如图 8-4 所示。

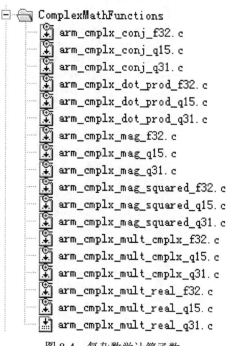

图 8-4　复杂数学计算函数

(4) FilteringFunctions：滤波函数，主要包含 IIR、FIR、LMS 等各种滤波函数，如图 8-5 所示。

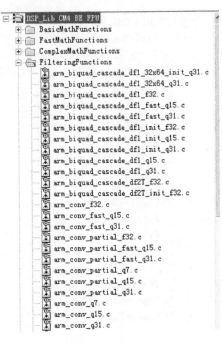

图 8-5　滤波函数

(5) MatrixFunctions：矩阵计算函数，主要是矩阵运算，如图 8-6 所示。

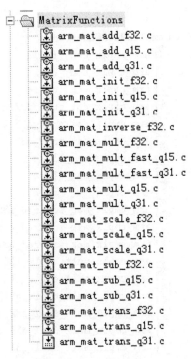

图 8-6　矩阵运算函数

(6) TransformFunctions：变换功能函数。包括复数快速傅里叶变换(CFFT)及逆运算(CIFFT)、实数快速傅里叶变换(RFFT)及逆运算，如图 8-7 所示。

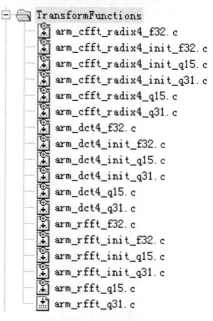

图 8-7 变换功能函数

(7) ControllerFunctions：控制功能函数，主要为 PID 控制函数以及三角函数。"arm_sin_cos_f32/-q31.c"函数提供 360 点正余弦函数表和任意角度的正余弦函数值计算功能，如图 8-8 所示。

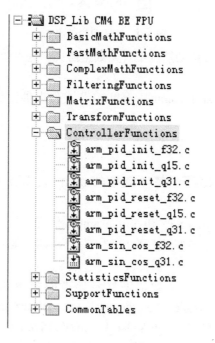

图 8-8 控制功能函数

(8) StatisticsFunctions：统计功能函数，如求平均值、计算 RMS 等，如图 8-9 所示。

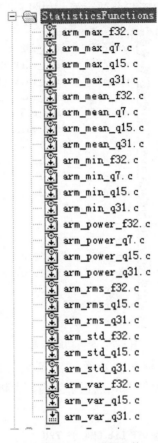

图 8-9　统计功能函数

(9) SupportFunctions：支持功能函数，如数据拷贝，定点数 Q 格式和浮点格式相互转换等。

(10) CommonTables："arm_common_tables.c" 文件提供位翻转或相关参数表。

四、具体实验

EX8_1　学习 STM32F4 固件包中的 arm_fft_bin_example 例程

本实验学习 F4 固件包中的 arm_fft_bin_example 例程，学习 CMSIS-DSP 库中的 FFT 变换函数，将信号从时间序列转换为频率序列。对于周期性信号，可以通过查找频率成分最高的信号，实现频率计算。

第一步：在 ST 公司官网下载数字信号处理的官方文档 "an4841-digital-signal-processing-for-stm32-microcontrollers-using-cmsis-stmicroelectronics.pdf" 并查看。在 STM3F4 固件包路径中，打开 "../STM32Cube_FW_F4_V1.26.0/\Drivers\CMSIS\DSP\Examples\ARM" 文件夹，找到 "arm_fft_bin_example" 所在的文件夹，如图 8-10 所示。

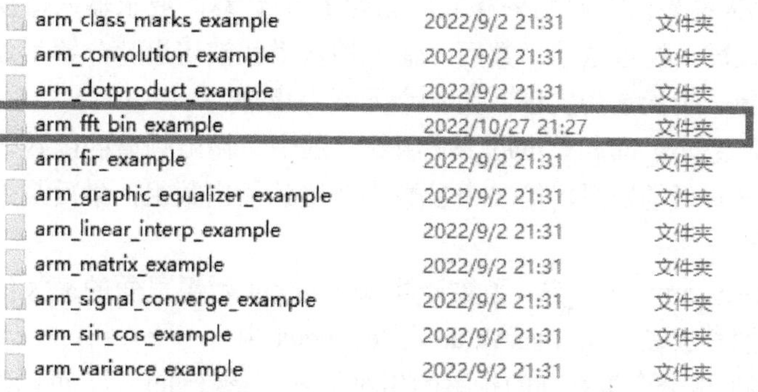

arm_class_marks_example	2022/9/2 21:31	文件夹
arm_convolution_example	2022/9/2 21:31	文件夹
arm_dotproduct_example	2022/9/2 21:31	文件夹
arm_fft_bin_example	2022/10/27 21:27	文件夹
arm_fir_example	2022/9/2 21:31	文件夹
arm_graphic_equalizer_example	2022/9/2 21:31	文件夹
arm_linear_interp_example	2022/9/2 21:31	文件夹
arm_matrix_example	2022/9/2 21:31	文件夹
arm_signal_converge_example	2022/9/2 21:31	文件夹
arm_sin_cos_example	2022/9/2 21:31	文件夹
arm_variance_example	2022/9/2 21:31	文件夹

图 8-10　STM32F4 固件包中各种数字信号处理例程文件夹

在这个文件夹中也可以看到其他数字信号处理的例程。例如滤波、矩阵运算、定点运算等，后续有需求可采用同样的方法进行学习。

第二步：打开"arm_fft_bin_example"文件夹，使用 MDK 打开工程"arm_fft_bin_example.uvprojx"，展开"arm_fft_bin_example_f32.c"文件，并查看工程源代码。

首先查看"int32_t main(void)"主函数中的说明，该工程在"arm_fft_bin_data.c"中，使用 testInput_f32_10khz[2048]浮点数数组，初始化定义了一个输入测试信号，包含具有均匀分布白噪声的 10kHz 信号，该信号进行了交替插零值处理。

在"arm_fft_bin_example_f32.c"文件，对输入信号进行 FFT，从时间域转换到频率域，得到各个频率成分的数组，计算输入幅值最大的频率在频率数组中的位置。

在"int32_t main(void)"主函数中，主要代码如程序清单 8-1 所示。

程序清单 8-1　FFT 例程代码

```
1.           /* 通过复数傅里叶变换模块处理数据 */
2. arm_cfft_f32(&arm_cfft_sR_f32_len1024,testInput_f32_10khz,ifftFlag,doBitReverse);
3.           /* 计算每个频率分量 */
4.  arm_cmplx_mag_f32(testInput_f32_10khz, testOutput, fftSize);
5. /* 计算频率分量幅值的最大值及在数组中的位置 */
6.  arm_max_f32(testOutput, fftSize, &maxValue, &testIndex);
7.  if (testIndex !=   refIndex)//计算错误的话
8.  {
9.     status = ARM_MATH_TEST_FAILURE;//错误输出。
10. }
```

程序解析：

(1) 第 2 行通过 arm_cfft_f32 函数计算 testInput_f32_10 khz 数组的傅里叶变换值，实现从时间域到频率域的转换。这个函数是快速傅里叶变换的主要接口，第一个参数为输入到 FFT 里的采样点的个数，arm_cfft_sR_f32_len1024 表示计算 1024 个点的 FFT；第二个参数为输入数组；第三个参数为正反变换，一般填 0；第四个参数为位反转使能，一般填

1。后两个参数的采样数组是原始采样值，因为 FFT 计算时要求输入值反转以适应算法。所以一般进行位反转，经过这个函数后，输入的数组就被傅里叶分解了，数组中每两个元素代表一个数，第一个元素为实部，第二个元素为虚部。

(2) 第 4 行通过 arm_cmplx_mag_f32 函数，这个是输出频谱的函数。第一个参数为上一个函数傅里叶分解后的数组，第二个参数为频谱的输出数组，最后是采样点的个数，本例中是 1024 个点。

(3) 第 6 行通过 arm_max_f32 函数计算 testOutput 数组里面的最大值，以及在数组中的相对位置，分别存放在变量 maxValue 和 testIndex 中。

(4) 计算出频率成分含量最高的频率的相对位置的 testIndex 后，可以结合信号的采样率计算出周期性信号的频率。在实验 EX8_2 中，我们将使用这个例程中的方法计算信号频率。

(5) 以上三个函数均需要使用到 CMSIS-DSP 库。本例程是针对的是 CORTEX-M0 处理器，在工程中已经添加相应处理器的 lib 文件，主函数中包含 "arm_math.h"，如图 8-11 所示。

(6) 查看 MDK 选项，可以看到该例程宏定义中也针对 CORTEX-M0 处理器做了设置，如图 8-12 所示。读者在使用 CMSIS-DSP 库的时候，要根据自己处理器的型号做相应的修改。

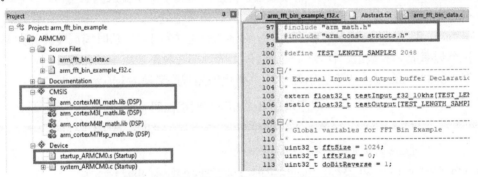

图 8-11　例程中数字信号处理库文件及头文件

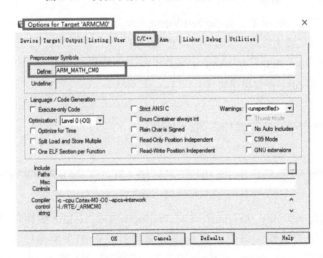

图 8-12　例程中对于处理器型号的宏定义

EX8_2　使用 CMSIS-DSP 库 FFT 计算信号频率

实验 EX7_4 是通过定时器 3 触发，使用 ADC 实现 100 kHz 采样率。采样率由定时器 3 的触发频率决定。本实验在这个基础上，连续采样 512 个数据，通过实验 EX8_1 例程中所述方式，通过 512 个采样点的 FFT 计算出信号频率，通过串口输出到 PC 显示。为尽可能提高频率计算精度，我们将采样频率修改为 51.2 kHz。

第一步：修改时钟树及 TIM3 参数，设置采样率为 51.2 kHz。

(1) 打开实验 EX7_4 的 STM32CubeMX 工程，查看时钟树，可发现控制定时器 3 的时钟总线 APB1 默认为 84 MHz，修改设置为 51.2 MHz。

(2) 在"Timers"选项的"TIM3"设置界面，在"Parameters Settings"设置栏把"Counter Settings"下预分频系数"Prescaler"修改为 99，"Counter Period"设置为 9，其他设置不变，如图 8-13 所示。

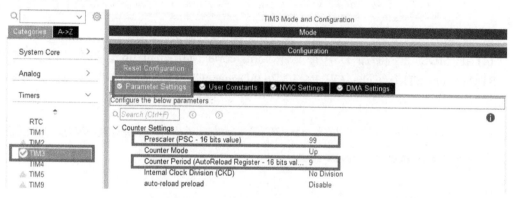

图 8-13　修改定时器 3 设置

此时，定时器 3 的触发频率为 51.2 MHz/((99 + 1) × (9 + 1)) = 51.2 kHz，并定期更新采样事件"Update Event"。

第二步：编写任务函数的代码，实现以 51.2 kHz 采样率采样，计算信号频率并通过串口输出。

(1) 点击"GENERATE CODE"生成代码，然后点击"Open Project"打开 KEIL 工程。

(2) 点击"Options for Targets"配置目标选项，由于 STM32F411 单片机是基于 CORTEX-M4 内核，需添加"ARM_MATH_CM4"宏定义，如图 8-14 所示。

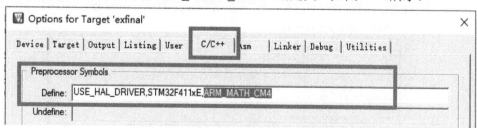

图 8-14　添加 CORTEX-M4 处理器宏定义

(3) 在 main.c 中，参考实验 EX8_1 官方例程，添加头文件#include "arm_math.h"和#include "arm_const_structs.h"语句，如图 8-11 所示。然后添加这两个头文件的包含路径，

一般在固件包的安装文件夹 "..\STM32Cube\STM32Cube_FW_F4_V1.26.0\Drivers\CMSIS\ DSP\Include"，添加方法如图 8-15 所示。

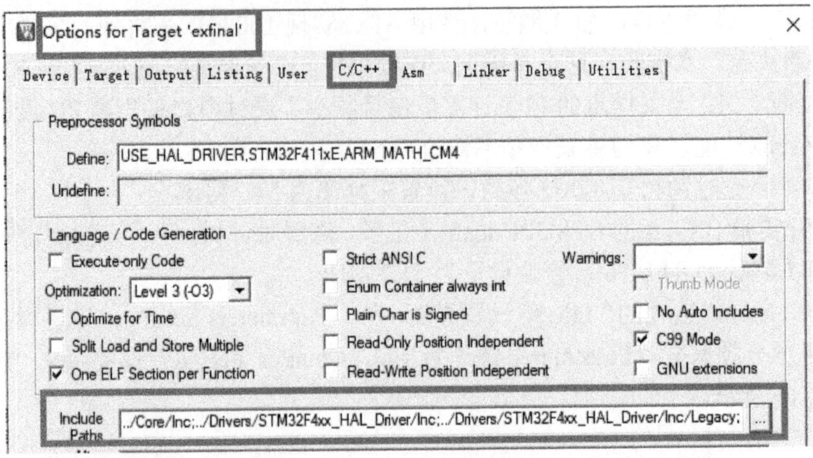

图 8-15　添加 DSP 库头文件路径

(4) 在 MDK 工程添加 DSP 库文件 "arm_cortexM4lf_math.lib"，该文件在固件包的 "..\STM32Cube\STM32Cube_FW_F4_V1.26.0\Drivers\CMSIS\Lib\ARM"文件夹，如图 8-16 所示。

图 8-16　添加 "arm_cortexM4lf_math.lib" 库

(5) 实验 EX8_1 官方例程使用了 1024 个点进行 FFT，本例程为提高运算速度，改用 512 个点进行 FFT。相关变量和宏定义设置如图 8-17 所示。设置信号数组为 1024 个值(采样点数)，FFT 计算点数 fftSize 为 512，修改保存采样数据的全局变量数组"adcConvertValue[]" 的大小为 1024，其他设置参考实验 EX8_1 官方例程。

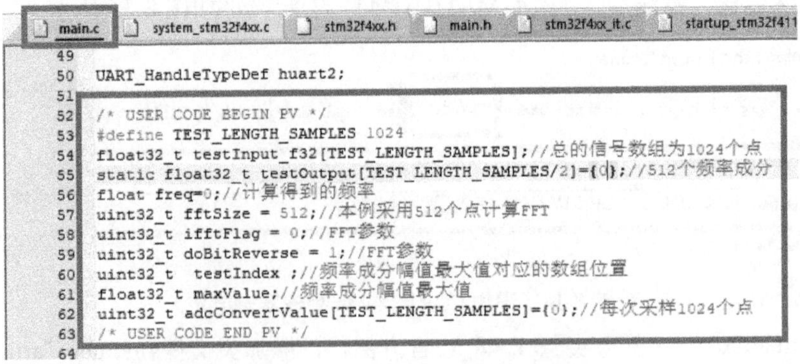

图 8-17　512 个点 FFT 相关宏定义和变量设置

(6) 在 main.c 中，修改每次采样 1024 个数据后产生中断，如图 8-18 所示。

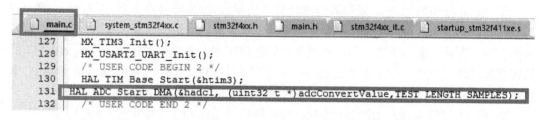

图 8-18 启动 TIM3 及 DMA 传输采样 1024 个数据

(7) 修改 while(1)主循环代码。当采满 1024 个数据后(flag 标志位为 1)，通过 FFT 计算信号频率，通过串口向 PC 发送信号频率值，并再次启动 TIM3 及 DMA 的传输，开启下一次数据的采集，如程序清单 8-2 所示。

程序清单 8-2　A/D 转换并使用 FFT 计算信号频率代码

```
1. while (1)
2.  {
3.    /* USER CODE END WHILE */
4.     /* USER CODE BEGIN 3 */
5.            if(flag==1)//如果本次采样结束
6.    {
7.        flag=0;//标志位置零
8.        for(int j=0;j<fftSize;j++)//采样数据转换
9.        {
10.       testInput_f32[j*2]=(adcConvertValue[j]&0xfff)*3.3f/4095.0f;//12 位采样数字值对应为 0-3.3 伏
11.       testInput_f32[j*2+1]=0;//交替插零，添加数据的虚部
12.       }
13.       arm_cfft_f32(&arm_cfft_sR_f32_len512,testInput_f32,0,1);    //512 个点的 fft 变换
14.       arm_cmplx_mag_f32(testInput_f32,testOutput,fftSize);    //求频率成分幅值
15.   arm_max_f32(&testOutput[1], fftSize-1, &maxValue, &testIndex);//求频率成分幅值最大值及位置
16.       freq=51200.0f/fftSize*(testIndex+1);        //计算信号频率，采样率为 51200
17.       printf("freq=%.3f Hz\n",freq);//串口输出频率值
18.       HAL_Delay(1000);
19.       HAL_TIM_Base_Start(&htim3);  //重新启动定时器
20.       HAL_ADC_Start_DMA(&hadc1, (uint32_t *)adcConvertValue,TEST_LENGTH_SAMPLES);
21.
22.   }
23.   /* USER CODE END 3 */
24.}
```

程序解析：

① 第 10 行和第 11 行对采样数据进行交替插零值，添加信号的虚部。因为 arm_cfft_f32 的输入数组要求为 a + bi 的形式，既有实部，也有虚部，每两个元素组成一个数，偶数元素为实部，奇数元素为虚部。而单片机采样数据肯定都是实数，故在带入 arm_cfft_f32 前需要将数组进行处理，让其虚部全为 0。格式可参考实验 EX8_1 "arm_fft_bin_data.c"中使用 testInput_f32_10khz[2048]初始化的浮点数组值。

② 第 13 行调用 arm_cfft_f32 函数，对采样信号进行 FFT，与实验 EX8_1 的区别是，此处输入参数为&arm_cfft_sR_f32_len512 表示计算 512 个点的 FFT。

③ 第 15 行，通过 arm_max_f32 函数，计算 testOutput 数组里面的最大值，以及在数组中的相对位置。分别存放在变量 maxValue 和 testIndex 中。与实验 EX8_1 例程不同的是，我们通过串口输出查看 testOutput 数组发现，根据实际采样信号计算出来的第一个频率分量 testOutput[0]总是最大，所以将其去掉，从数组的第二个值开始计算 fftSize-1 个频率成分值的最大值，在第 16 行计算信号频率的时候，使用 testIndex + 1 表示实际的最大频率成分所处的位置(因为 testOutput 数组去掉了一个值，需要还原)。

第三步：编译并下载程序，采用实验 EX7_3 同样的方法，使用信号源给单片机的 PA0 管脚分别输入 10 kHz 方波以及正弦波，如图 8-19 所示。

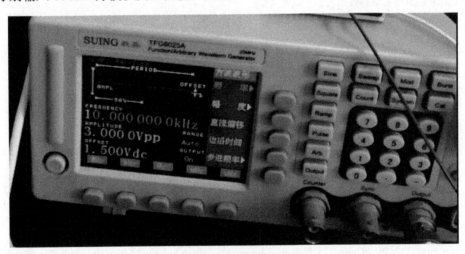

图 8-19　使用信号源输出 10 kHz 方波

(1) 通过 PC 端串口查看采样计算得到的频率值。

(2) 调节输入信号频率，记录测量误差，测试频率测量的量程。

(3) 将输入信号改为正弦波，调节输入信号频率，记录测量误差，测试量程，并进行分析。

实验小结：(1) 本实验使用定时器触发 ADC 高速数据采集，通过 512 个点的 FFT，可以实现频率测量。

(2) 实测频率测量量程不超过采样频率的一半，进一步验证了恩奎斯特采样定理。

(3) 实验四所述的数字频率计实验只能测量方波频率，本实验可测量包括方波、正弦波等任意周期性信号的频率。

五、实验总结

本实验通过学习 ST 公司数字信号处理的官方文档 an4841-digital-signal-processing-for-stm32-microcontrollers-using-cmsis-stmicroelectronics.pdf，以及 STM32F4 固件包中的官方例程，了解了 ARM 公司数字信号处理 CMSIS-DSP 库的基本功能，尤其是 FFT 库函数的移植和使用方法，综合使用定时器、ADC、串口通信、数码管、OLED、按键等资源，实现对正弦波、方波等周期性信号的数据采集和频率计算。读者要注意，使用复数傅里叶变换函数的时候，要对采样数据添加虚部(对采样数据交替插零值)。

六、实验作业

(1) 本实验实现的数字频率计与实验三通过定时器脉冲计数和输入捕获功能实现的数字频率计有什么区别？各有什么优缺点？

(2) 参考 ST 公司关于数字信号处理的官方文档 an4841-digital-signal-processing-for-stm32-microcontrollers-using-cmsis-stmicroelectronics.pdf，以及 STM32F4 固件包的其他 DSP 例程(见图 8-10)，了解 ARM 公司数字信号处理 CMSIS-DSP 库的其他功能，包括数学运算、PID 控制、矩阵运算、统计运算等相关函数，以及该库在 STM32F4 单片机中的移植和使用方法。

(3) 参考实验 EX8_2、实验 EX2_12、实验 EX7_5，综合使用定时器、ADC、DMA、数码管等资源，设计一款数字频率计，测量值在数码管显示，采样频率最高达到 2.4 MHz，对正弦波、方波等周期性信号的频率测量范围为 10 Hz～1 MHz，误差不超过 5%。

(4) 采用 CMSIS-DSP 库中的计算最大值、最小值、幅值、FFT 等函数，参考实验 EX8_2、实验 EX2_9、实验 EX7_5、实验 EX7_6，综合使用定时器、ADC、DMA、OLED 等资源，设计一款双通道数字频率计，对两通道的输入信号进行准同步采样并计算频率，对正弦波、方波等周期性信号的频率测量范围为 10 Hz～1 MHz，误差不超过 5%。同时测量两通道信号的最大值、最小值、幅值，在 OLED 显示。

实验九　综合设计 2——点光源追踪系统

一、实验目的

了解和应用常见的光敏电阻、光电三极管、舵机、PID 算法,结合前八个实验中的 ADC、PWM 等知识,通过设计电路、编写程序和焊接调试,以技术指标提升为导向,不断优化和改进,实现点光源自动追踪系统,培养学生解决复杂工程问题的能力。

二、实验内容

使用立创 EDA 软件设计光电传感检测原理图和 PCB,通过网络完成 PCB 加工、焊接、调试,使用 STM32CubeMX、MDK-ARM 等 EDA 工具进行硬件设计的开发,实现简单的光电传感、检测和自动追踪控制系统。

三、实验相关知识

光电追踪系统在太阳能光伏跟踪、武器的光电瞄准跟踪、卫星测控、航天航空等方面有丰富的具体应用场景。本实验可以作为高年级学生光电系统设计、专业课程设计、毕业设计等综合设计实验选用,也可以作为学生电子设计竞赛训练题目。

1. 电子设计竞赛题目——坦克打靶简介

本实验的设计思路来自 2010 年陕西省电子设计竞赛题目 C,参见附录。该竞赛题目要求设计并制作一个可以寻迹的简易坦克,在坦克上安装由电动机驱动的可以自由旋转的炮塔,在炮塔上安装激光笔代替火炮。

本实验的任务是控制坦克沿靶场中预先设置的轨迹,快速寻迹行进,同时以光电方式瞄准光靶,实现激光打靶。

本实验仅考核在水平面上跟踪轨迹的精确性、在水平面上打靶的精确性以及完成任务的速度。

靶场及光靶示意图如图 9-1 所示,测试现场不得自带靶场,光靶刻度板可以自带。

编者对题目做了简化,结合本专业学生的基础,要求光源移动的时候,通过舵机控制激光笔瞄准点光源。点光源可以用手机上的手电筒替代,本实验中的点光源部分不做设计。

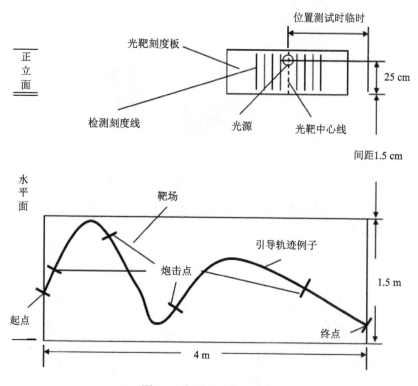

图 9-1 靶场及光靶示意图

2. 整体技术方案简介

点光源跟踪系统整体设计框图如图 9-2 所示，采用多通道光电传感与检测板进行光电转换，通过单片机 ADC 进行多通道同步采样，再通过单片机输出 PWM 控制舵机旋转，使激光笔跟踪点光源。

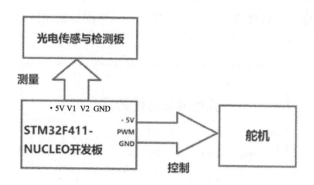

图 9-2 点光源跟踪系统整体设计框图

光电传感与检测板中的光电转换可以采用光敏三极管(SDU5C)或光敏电阻(GL5516)，下面分别对光敏三极管和光敏电阻检测原理进行介绍。

1) 光敏三极管方案

光敏三极管对光强非常敏感，除了可以实现光电转换外，还能放大光电流，可以在正常室内光照下，对点光源的强度变化进行有效检测。典型的光敏三极管器件如图 9-3 所示。

图 9-3　光敏三极管(3DU5C)

如图 9-4 所示,当光变强时,光敏三极管的电流会变大,取样电阻 R1、R2 两端的电压 ADC1、ADC2 会变大。

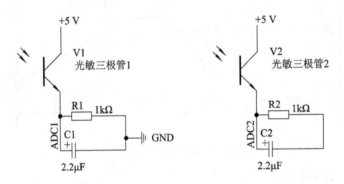

图 9-4　采用光敏三极管的光电传感与检测原理图

如图 9-5 所示,当光源在激光笔的正前方的时候,点光源到两个光敏三极管的距离和角度一样,两个光敏三极管电流一样大,两个取样电阻两端电压也一样大。当光源位置变化时,两个通道光敏三极管接收到的光强会变化,其电流也会发生比较大变化,取样电阻 R1、R2 两端的电压 ADC1、ADC2 也会变化。

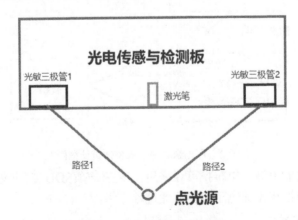

图 9-5　点光源跟踪系统原理

采用光敏三极管的光电传感与检测电路板实物如图 9-6 所示。

图 9-6 采用光敏三极管的光电传感与检测板实物图

使用单片机自带的 ADC，对两个通道取样电阻的电压值进行采样，当激光笔对准光源时，两个通道电压值一样大。如果两个通道电压值不一样大，说明光源移动了，通过单片机输出 PWM 信号控制舵机旋转，调整光电传感检测板的角度，从而让激光笔再次对准光源(取样电阻 R1、R2 两端的电压 ADC1、ADC2 会重新相等)实现追踪的效果。本实验使用的舵机结构如图 9-7 所示。

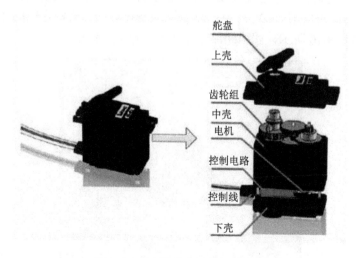

图 9-7 本实验使用的舵机的结构

2) 光敏电阻方案

典型的光敏电阻器件如图 9-8 所示。

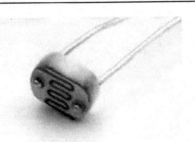

图 9-8　光敏电阻(GL5516)

光敏电阻进行光电转换的原理图如图 9-9 所示。光敏电阻阻值会随着光强的增加变小。当光源在激光笔的正前方时，点光源到两个光敏电阻的距离和角度一样，两个光敏电阻阻值相同，两个取样电阻两端的电压也相同。

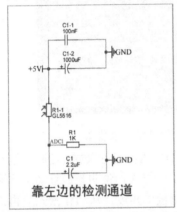
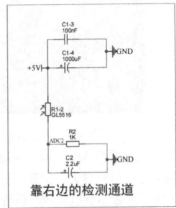

图 9-9　采用光敏电阻的光电传感与检测原理图

当光源位置变化时，两个通道光敏电阻阻值也会变化。根据欧姆定律，固定阻值取样电阻 R1、R2 和两端的电压 ADC1、ADC2 会随之变化。采用光敏电阻的光电传感与检测电路板实物图如图 9-10 所示，图中间黑色部分为激光笔安装孔。

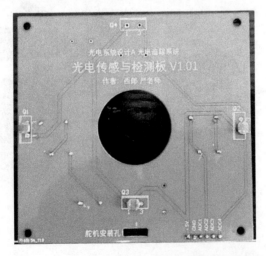

图 9-10　采用光敏电阻的光电传感与检测板实物图

3. 舵机驱动原理和方法简介

本实验使用 HG14-M 单轴数字舵机来完成，读者可在电商平台购买。

1) PWM 信号的定义

PWM 信号为脉宽调制信号，脉宽是上升沿与下降沿之间的时间宽度。目前使用的舵机主要依赖于模型行业的标准协议，随着机器人行业的渐渐独立，有些厂商已经推出全新的舵机协议，这些舵机只能应用于机器人行业，不能应用于传统的模型上面。

北京汉库的 HG14-M 舵机是过渡时期的产品，它采用传统的 PWM 协议，对 PWM 信号的要求较低，已经产业化，成本低，旋转角度大。HG14-M 的主要优点有：

(1) 不用随时接收指令，减少 CPU 的疲劳程度。

(2) 可以位置自锁、位置跟踪，这方面超越了普通的步进电机。

2) 舵机拖动及调速算法

HG14-M 单轴数字舵机控制具有以下特点：

(1) 当舵机未转到目标位置时，将全速向目标位置转动。

(2) 当舵机到达目标位置时，将自动保持该位置。对于数字舵机而言，PWM 信号提供的是目标位置，跟踪运动要靠舵机本身。

3) 舵机结构和驱动控制方法

HG14-M 单轴舵机的结构如图 9-7 所示，工作原理如图 9-11 所示。

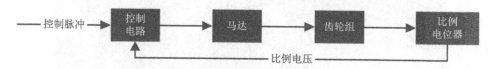

图 9-11 舵机控制原理框图

舵机的驱动是靠电路输出的信号的脉冲来控制其转动的。在本实验中，控制舵机的方波脉冲周期为 20 ms，要使得舵机实现 180° 的旋转，输出信号的脉冲宽度为 0.5~2.5 ms，相对应舵机将会旋转 -90°~+90° 的角度，具体如图 9-12 所示。

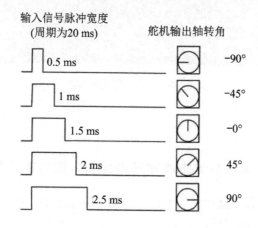

图 9-12 舵机控制所需 PWM 信号

在本实验中，通过单片机产生不同脉宽的 PWM 信号来控制舵机位置。

4. 部分学生作品展示

图 9-13 和图 9-14 是西安邮电大学光电专业学生的部分作品视频展示，仅供参考。

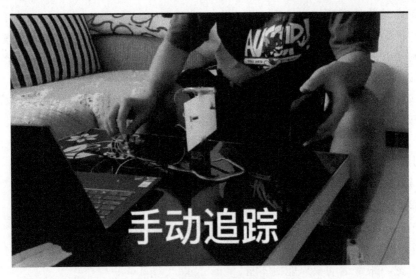

图 9-13　手动追踪效果演示

图 9-14　自动追踪效果演示

四、具体实验

EX9_1　点光源追踪系统光电传感与检测板电路设计与生产

使用立创 EDA 在线标准版软件，完成点光源追踪系统电路原理图和 PCB 设计，并在嘉立创网站领券，免费在线投板。

第一步：设计光电传感与检测板原理图。

打开立创 EDA 在线标准版软件(https://lceda.cn/editor)，先注册账户，然后设计四通道的光电传感与检测板原理图，如图 9-15 所示，可以实现上下、左右两个维度的光源追踪。

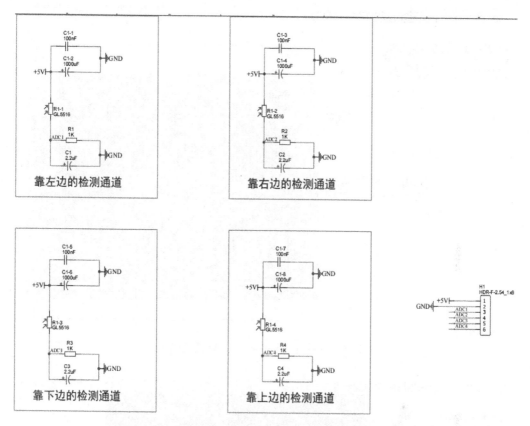

图 9-15　四通道点光源跟踪系统光电传感与检测板原理图

第二步：设计点光源追踪系统光电传感与检测板 PCB。

如图 9-16 和图 9-17 所示，设计光电传感与检测板的 PCB 图。PCB 设计要求如下：

(1) 电源宽度不低于 50 mil(1 mil = 25.4 mm)，信号线宽度不低于 20 mil，安全间距不低于 6 mil。

(2) 光敏三极管或光敏电阻设置在顶层，其他所有器件设置在底层(防止其他器件有阴影遮挡光敏三极管)。后续焊接的时候也要注意这一点。

(3) 接线端子(接口)放置在板子边缘(思考一下放在哪里最适合接线)。

(4) 激光笔安装在板子正中间，需要留有一个直径约为 1.5 cm 的孔。

(5) 舵机安装孔参照舵机的安装附件，约为 1 cm × 0.3 cm，放置在板子下面。

(6) 四个光敏电阻要对称放置(左右放置的两个光敏三极管与板子中心直线对称，尽量靠近左右两边，且距离板子中心距离相等；纵向放置的两个光敏三极管的上下距离一样)。

(7) 在板子顶层和底层的丝印层，写明板子设计人的班级、姓名、学号、课程名称、板子名称、型号等。

(8) 顶层和底层均敷铜、接地。

(9) 板子大小不超过 10 cm × 10 cm(嘉立创投板免费)。

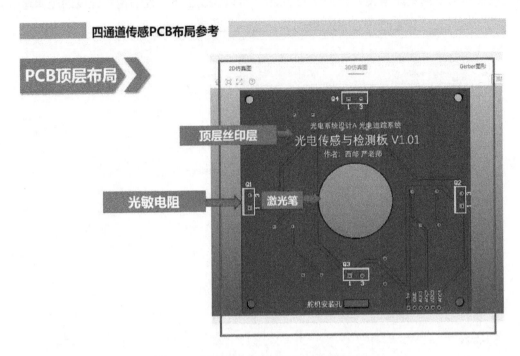

图 9-16　四通道光电传感与检测板顶层布局

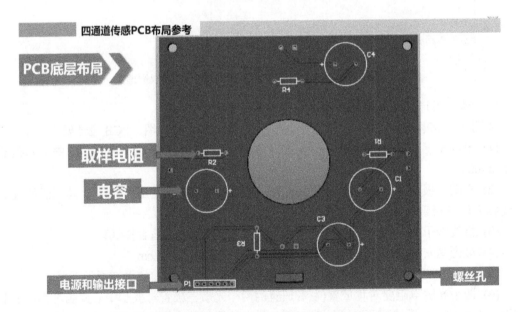

图 9-17　四通道光电传感与检测板底层布局

第三步：光电传感与检测板 PCB 免费投板生产。使用立创 EDA 在线标准版软件，直接进行 PCB 投板。注意要先注册账户，领免费券，如图 9-18 所示，支付时选择免费券，才可以使用免费服务，如图 9-19 所示。

图 9-18　嘉立创官网领优惠券

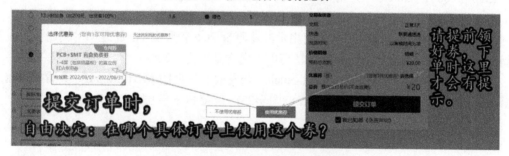

图 9-19　嘉立创使用优惠券免费打板

实验思考：

(1) 读者可以在网上搜索光敏三极管、光敏电阻的数据手册，查询光生电流、光敏电阻阻值的变化范围，结合 STM32F411 单片机的 ADC 的输入范围，计算取样电阻的大小。从反应速度、灵敏度及价格等方面自行分析两种器件的优缺点，选择合适的技术方案。

(2) 了解舵机在工业控制、机器人等领域的应用。舵机是否能用于设计自动循迹小车？如果可以的话，用于动力轮驱动还是转向控制？

 EX9_2　点光源追踪程序 1——PWM 输出和舵机驱动

参考实验 EX9_1 内容编写程序，使用单片机输出 50 Hz、不同占空比的 PWM，实现舵机驱动。

第一步：使用单片机输出脉宽 2.5 ms 的方波。复习实验 EX4_6，打开该实验的 STM32CubeMX 文件，修改为使用定时器 3，输出管脚为 PC6，预分频系数(PSC)为 500 - 1，计数周期值(ARR)4000 - 1，脉宽(Pulse)为 500，如图 9-20 所示。

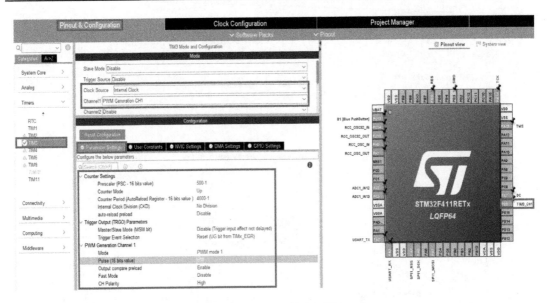

图 9-20 PWM 输出配置

查看时钟树，定时器的时钟总线频率为 100 MHz，计算输出方波频率。频率为 $100 \times 10^6/(500 \times 4000) = 50$ Hz，周期为 20 ms，占空比 Pulse/(ARR + 1) = 12.5%；高电平时间 20 ms × 12.5% = 2.5 ms。对应电机驱动图(见图 9-12)，可将电机转到 90°方向。

生成工程代码后，编译下载，使用示波器测量 PC6 管脚和 GND 之间的输出波形，测量输出波形的频率是否为 50 Hz；测量高电平宽度是否为 2.5 ms。

在 ST 官网可以下载 STM32F411-Nucleo 开发板的原理图 MB1136.pdf，查看接口端子电路图，如图 9-21 所示。结合图 9-22、图 9-23，查看 PC6 管脚和 GND 的具体位置。

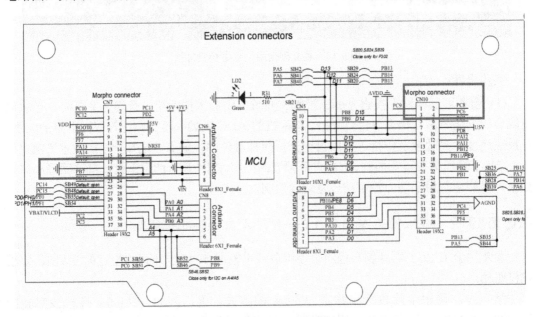

图 9-21 PWM 输出测量管脚

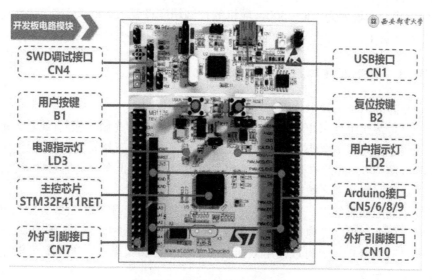

图 9-22　单片机开发板电路模块

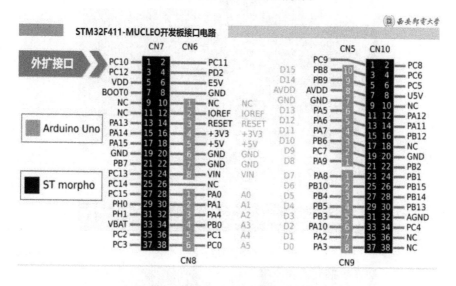

图 9-23　单片机开发板外围接口电路

第二步：使用单片机输出脉宽 0.5 ms 的方波。同样的方法，读者可以修改定时器 3 配置，输出周期为 20 ms、高电平脉宽 0.5 ms 的方波，使用示波器测量频率和脉宽。对应电机驱动图如图 9-12 所示，可以将电机转到 90° 方向。

第三步：进行电机驱动测试。

(1) 使用杜邦线，连接开发板的 +5 V、PC6、GND 三个管脚和电机驱动接口，烧写上节编写的程序，验证舵机是否可以旋转 ±90°。

(2) 修改程序，使电机从 −90° 至 + 90°，再回到 −90°，周而复始旋转。可参考实验 EX4_6 和实验 EX4_7 复习 PWM 占空比控制方法。

实验思考：

(1) 使用示波器怎样测量信号的周期和高电平的宽度(占空比)？

(2) 如果将脉宽设置为 100～500，舵机的控制精度设置不太够。在保证输出脉冲周期 20 ms 不变的前提下，用什么方法可以把脉宽值提高到 1000～5000 来控制精度。

EX9_3　点光源追踪系统焊接调试

完成点光源追踪系统光电传感与检测电路板焊接调试。

第一步：焊接光电传感与检测板。焊接左右两个通道的光敏三极管(或者光敏电阻)。学有余力的同学在完成本章作业时再焊接上下两通道。光敏三极管方案参考图 9-4，光敏电阻方案参考图 9-9。注意：光敏三极管或光敏电阻焊接在正面，其他器件焊接在反面，以防止其他器件阴影遮挡光敏电阻。

第二步：固定安装舵机。在绝缘板上使用电钻打孔，使用铜螺柱(或者塑料螺柱)将舵机安装在绝缘板上，再将光电传感与检测板通过螺丝安装在舵机上，如图 9-24 和图 9-25 所示。如果没有绝缘板，也可以使用双面胶将舵机粘在实验桌上。激光笔可以先不安装，等调试成功了再安装。

图 9-24　舵机固定安装正面图

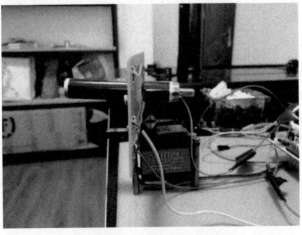

图 9-25　舵机固定安装侧面图

第三步：完成系统的接线与组装。使用杜邦线连接 STM32F411-Nucleo 开发板的端子和舵机、光电传感与检测板的接口。开发板通过+5 V 和 GND 管脚给舵机和光电传感与检测板供电。开发板通过 PC6 管脚输出 PWM 信号控制电机。光电传感与检测板的两个取样电阻的电压值，输出到单片机开发板的两个 ADC 输入通道，如图 9-26 所示。

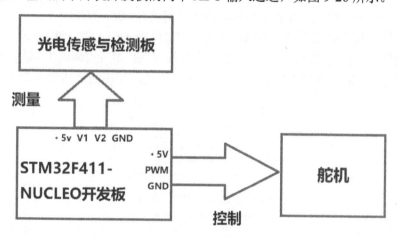

图 9-26　点光源跟踪系统接线图

电机驱动 PWM 采用 PC6 驱动，参考图 9-21～图 9-23，查看 PC6 管脚、+5 V、GND 以及两个 ADC 的输入通道的接口位置。

第四步：测试系统。

(1) 给开发板上电，在光电传感与检测板上使用万用表测量 +5 V 和 GND 之间的电压是否为 5 V。

(2) 在自然光下，测量光电传感与检测板的两个电压输出通道输出的电压值，记录电压值并拍照存证。

(3) 遮挡光敏电阻再测一遍，记录取样电阻电压值并拍照存证。

(4) 使用手机的手电筒功能近距离(30 cm)照在光敏电阻上，记录取样电阻的电压值。

实验思考：

(1) 本实验系统测试中三次测量的电压值，理论上应该哪个最大，哪个最小？实际上呢？光照越强，取样电阻的输出电压越大还是越小？

(2) 如果系统测试中三次测量出来的电压，超过单片机自带 ADC 测量范围 3.3 V，应当怎样调整取样电阻的大小？

 EX9_4　点光源追踪程序 2——手动追踪程序设计

使用扩展板上的电位器，实现舵机控制和点光源的手动追踪。

第一步：采集和显示电位器电压，并将其通过串口输出。复习实验"EX7_1 使用 ADC 采集电位器电压"，使用 STM32F411 单片机的 ADC，对扩展板上的电位器电压进行单次数据采集，并将数据通过串口传输到 PC 显示。下载程序，当旋转电位器时，使用串口调试软件查看输出电压值是否变化。

第二步：设计手动追踪程序。修改实验 EX7-1 的程序，在 STM32CubeMX 初始化配置时，增加定时器 3，输出 PWM，参考图 9-20。在 freertos 中增加一个电机控制的线程，每次收到采样结束的二值信号量后，根据采样值控制电机转动角度。

电机转动角度由 PWM 的占空比控制，要实现方波的占空比可调，可以在定时器 3 的初始化函数 MX_TIM3_Init 中，将脉宽(Pulse)设置为全局变量"pulsewide"。电位器电压变化范围为 0～3.3 V，电机从左到右控制所需的脉宽值为 100～500。

适当降低原程序的采样时间间隔，每次采集电位器电压之后，将"pulsewide"变量与采集到的电压值线性对应(100～500 与 0～3.3 线性对应)，然后重新调用 MX_TIM3_Init()，初始化定时器 3，输出新的 PWM，从而控制电机旋转，程序逻辑如图 9-27 所示。

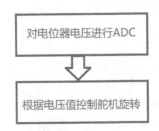

图 9-27　手动控制电机程序逻辑图

电机控制任务函数如程序清单 9-1 所示。

程序清单 9-1　使用电位器手动调节电机转动的代码

```
1. for(;;)
2.   {
3.        osSemaphoreAcquire(ADCBinarySemHandle,osWaitForever);
4.        pulsewide=100+400*(ADC_VALUE*3.3f/4095.0f)/3.3f;//根据采样电压值确定脉宽
5.        MX_TIM3_Init();//重新初始化定时器 3
6.        HAL_TIM_Base_Start(&htim3);//重新启动定时器 3
7.        HAL_TIM_PWM_Start(&htim3,TIM_CHANNEL_1);//重新启动输出 PWM
8.   }
```

编译并烧写程序，通过调节电位器位置，查看电机是否能±90°转动，从而实现光源的手动追踪效果。

EX9_5　点光源追踪程序 3——基于双通道电压差的自动追踪

根据两个通道光敏电阻的采样值，设计基于双通道电压差的简易点光源自动追踪程序，并测试系统技术指标。

第一步：测试光源移动到不同位置时左右两通道电压值及电压差。

(1) 编写程序，每隔 1 秒采集两个光敏三极管两端的电压，计算电压差，通过串口输出到 PC 显示。

打开实验 EX9_4 的 STM32CubeMX 工程，增加两个模数转换通道，使用 DMA 方式进行两个通道轮询方式进行 ADC，如图 9-28 所示。

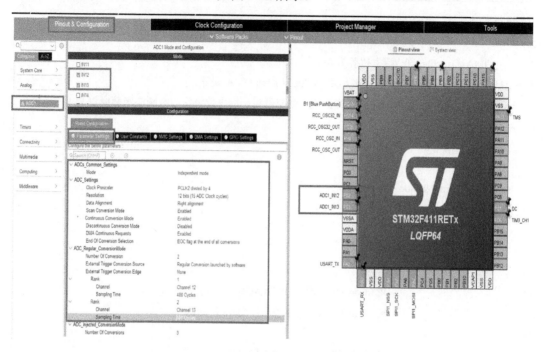

图 9-28 DMA 模式双通道同步采样的 ADC 设置

在上面的设置中，使用了 PC2 和 PC3 管脚作为双通道输入，通过 DMA 模式进行采样，程序参考实验 EX7_6。不同之处在于，本实验设置的采样周期为 480 个 Cycles，而原实验默认设置的是 3 个 Cycles。本实验降低了采样速度，但提高了 ADC 的输入阻抗，能使采样信号更加稳定。

单片机的 ADC 和取样电阻是并联关系，ADC 的阻抗越大，则并联后实际阻值和取样电阻的阻值越接近，对采样电阻两端电压影响越小，相应信号也越稳定。以最高速度采样时，STM32F411 单片机的 ADC 的阻抗仅为 k 欧姆级别，对取样电阻的影响很大。以低速信号采样时，降低采样速度，可以大大增加 ADC 的阻抗。

(2) 修改串口通信任务函数，每隔 1 秒调用两个通道模数转换函数 "float Get_Chanel1_ADC_Value()" 和 "float Get_Chanel2_ADC_Value()" 进行采样。

以下参考程序中，"float Get_Chanel1_ADC_Value()" 进行了 100 次双通道同步采样，并取 100 次采样的平均值，返回第一通道的采样值。"float Get_Chanel2_ADC_Value()" 返回第二通道采样值。

程序调用第一个函数的时候，首先将采样标志位 DMA_OverFlag 置为 0，调用 HAL_ADC_Start_DMA 启动 ADC 的 DMA 模式，连续采样 200 个值(每个通道 100 个采样值)，然后取每个通道的采样平均值，作为采样值输出。取均值可以降低电压中的偶发性毛刺干扰，主要代码如程序清单 9-2、9-3、9-4 所示。

程序清单 9-2　通道 1 的采样程序

```
1.float Get_Chanel1_ADC_Value()
2.{
3.      DMA_OverFlag=0;//标志位置为 0；
4.   HAL_ADC_Start_DMA(&hadc1,ADC_V,200);//启动 DMA 采样
5.  while(DMA_OverFlag==0)//等待采样结束。如果结束，标志位将在中断响应函数中置为 1
6.      {
7.   osDelay(1);
8.      }
9.  HAL_ADC_Stop(&hadc1);//停止采样
10.  ADC_1_ave=0;
11.  ADC_2_ave=0;
12.              for(i=0;i<100;i++)
13.      {
14.              ADC_1_ave=(ADC_V[i*2]+ADC_1_ave);
15              ADC_2_ave=(ADC_V[i*2+1]+ADC_2_ave);
16.          }
17.  ADC_1_ave=ADC_1_ave/100;//计算 100 次采样平均值
18.  ADC_2_ave=ADC_2_ave/100;
19.  return ((float)ADC_1_ave*3.3f/4095.0f);//返回第一通道采样值。
20.}
```

程序解析：

① 第 4 行启动 ADC 的 DMA 方式采样，采样完毕后，标志位 flag 为 1。

② 第 17 行计算 100 次采样平均值。

③ 本程序同时对两个通道电压值进行准同步采样。

程序清单 9-3　返回通道 2 的采样值程序

```
1.float Get_Chanel2_ADC_Value()
2.{
3.return ((float)ADC_2_ave*3.3f/4095.0f);
4.}
```

程序解析：

① 第 3 行输出第二通道采样值。

② 计算第二个通道采样值时，应先调用 float Get_Chanel1_ADC_Value()函数进行采样，

然后调用 float Get_Chanel2_ADC_Value()函数才能得到第二通道采样值。

程序清单 9-4　串口通信任务函数

```
1.void StartComTask(void *argument)
2.{
3.   for(;;)
4.   {
5.adc_chanel1_current=Get_Chanel1_ADC_Value();//采样第 1 通道电压
6.adc_chanel2_current=Get_Chanel2_ADC_Value();//采样第 2 通道电压
7.printf("adc_chanel1_current: %.3f \n",adc_chanel1_current); //传回第 1 通道电压
8.printf("adc_chanel2_current: %.3f \n",adc_chanel2_current); //传回第 2 通道电压
9.printf("delta_v: %.3f \n",adc_chanel2_current-adc_chanel1_current); //传回两通道电压差
10.osDelay(1000);//延时 1 秒；
11.   }
12.}
```

程序解析：

在串口，通信任务函数每隔一秒上传一次两个通道的采样值和电压差值。

(3) 编译并下载程序，进行测试。

① 在自然光下，记录两个通道的电压值和电压差值。

② 将手机手电筒打开，将光源移到两个光敏电阻中间正对面 50 cm 处，100 cm 处，分别记录两个通道的电压值和电压差值。请问：光强与采样值是正相关还是负相关？

③ 将手电筒分别放置在两个光敏电阻中心 50 cm 并偏左边 30° 和偏右边 30° 方向，记录光源在不同位置时，电压采样值和两通道电压差值。

第二步：编写电机左转和右转函数，测试电机效果。

(1) 在 main.c 文件中，编写控制舵机左转和右转的函数。输入的脉冲计数参数 step 与旋转的角度大小的对应关系：PWM 的周期为 20 ms，脉冲计数值可设置为 0～4000，对应占空比为 0～100%；对应高电平时间为 0～20 ms。

查看舵机驱动资料，舵机驱动的高电平时间为 0.5～2.5 ms，对应舵机左转 90°～右转 90°。则驱动舵机时，脉冲计数值 pulsewide 对应为 100～500，与舵机旋转角度线性对应：pulsewide = 100 时，舵机左转 90°；pulsewide = 500 时，舵机右转 90°；100～500 范围外的其他值无效。主要代码如程序清单 9-5 和 9-6 所示。

程序清单 9-5　电机左转控制函数

```
1./*电机左转控制函数，参数 step 为旋转步数*/
2.void MotorTurnRight(uint16_t step)
3.   {
```

4.　if(pulsewide>=100+step)　　pulsewide-=step;//确保电机脉宽参数正确

5.　　　MX_TIM3_Init();//重新初始化定时器 3，输出 PWM

6.　　　HAL_TIM_Base_Start(&htim3);

7.　　　HAL_TIM_PWM_Start(&htim3,TIM_CHANNEL_1);

8.　　}

程序清单 9-6　电机右转控制函数

1./*电机右转，转 step 步*/

2. void MotorTurnLeft(uint16_t step)

3.　{

4.　　if(pulsewide<=500-step)　　pulsewide+=step;　　//确保电机脉宽参数正确

5.　　　　　　MX_TIM3_Init();//重新初始化定时器 3，输出 PWM

6.　　　　　　HAL_TIM_Base_Start(&htim3);

7.　　　　　　HAL_TIM_PWM_Start(&htim3,TIM_CHANNEL_1);

8.　}

---

(2) 在主函数或者任意线程任务函数中，调用电机驱动函数，编译并下载程序，实现电机从左往右旋转一周，再从右往左旋转一周，调节延时函数，避免电机旋转太快或太慢。

第三步：编写光源跟踪程序。在主函数或者任意线程任务函数中，结合本程序，编写简单的光源跟踪程序。

当光电传感检测板正对着光源(此时激光器瞄准光源)时，两个通道的电压采样值差值最小(此时两个光敏三极管到光源的距离和角度相当)。

当光源移动时，两个通道的电压采样值会变化。定时计算两个通道采样值的差值，调节舵机的旋转角度，逐步减少两个通道采样差值，从而实现光源跟踪的效果。

程序设计参考逻辑如图 9-29 所示。

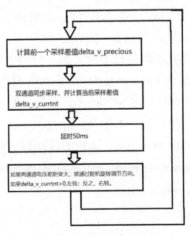

图 9-29　程序逻辑图

注意：判断两个通道电压差值是否变大，要根据两个通道电压差值的绝对值来判断。计算绝对值时，可以调用"math.h"中的"fabs()"函数来计算。使用该头文件时，注意要包含该头文件。

第四步：测试系统技术指标。

(1) 在实验室自然光条件下，当光源距离光电传感检测板的垂直距离为 40 cm、80 cm，点光源距离电机的角度分别为 0°、±30°、±60°时，记录激光笔光点距离光源目标的误差，以及电机的追踪速度。

(2) 关灯，在比较暗的光线条件下，重复上一步工作。

(3) 修改程序，使得每次电机转动的角度与两个通道电压差值成正比，当两个通道电压差值较大时，电机转动得比较快；电压差值较小时，电机转动比较慢，这样可以提高追踪速度。

实验思考：

(1) 当光源移动时，从有利于单片机自动追踪的角度考虑，我们设计的两通道取样电阻输出的电压值变化越大越好还是越小越好？从这个角度考虑，两个光敏电阻距离越远越好还是越近越好？

(2) 思考怎样提高系统追踪的精度和速度，从提高技术指标的角度考虑，光敏电阻和光敏三极管哪个更优？

 EX9_6　点光源追踪程序 4——基于 PID 算法的自动追踪

基于 PID 该算法，设计简易点光源自动追踪程序。

1. PID 算法的概念

PID 算法是工业应用中最广泛算法之一，在闭环系统的控制中，可自动对控制系统进行准确且迅速的校正。PID 算法已经有 100 多年历史，在四轴飞行器，平衡小车、汽车定速巡航、温度控制器等场景均有应用。

PID 算法指比例(Proportional)、积分(Integral)、微分(Derivative)，是一种常见的保持稳定控制算法。常规的模拟 PID 控制系统原理如图 9-30 所示。

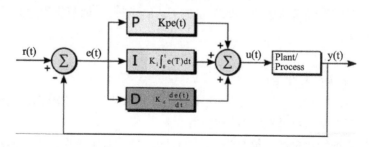

图 9-30　PID 控制系统原理框图

因此可以得出 e(t) 和 u(t) 的关系：

$$u(t) = K_p e(t) + K_i \int_0^t e(\tau)d\tau + K_d \frac{de(t)}{dt}$$

其中：K_p 为比例增益，是调适参数；K_i 为积分增益，也是调适参数；K_d 为微分增益，也是调适参数；e 为误差 = 设定值(SP) - 回授值(PV)；t 为目前时间。

　　下面举例介绍 PID 算法的应用。如果控制对象是一辆汽车，希望汽车的车速保持在 50 km/h 不动，假如定速巡航电脑测到车速是 45 km/h，它立刻命令发动机加速。结果，发动机来了个 100%全油门，汽车急加速到了 60 km/h，这时电脑又发出命令刹车，结果乘客吐了。

　　所以，在大多数场合中，用"开关量"来控制一个物理量比较简单粗暴，有时候是无法保持稳定的，因为单片机、传感器不是无限快的，采集、控制需要时间。而且控制对象具有惯性，比如将热水控制器拔掉，它的"余热"即热惯性可能还会使水温继续升高一小会。因此，需要使用 PID 控制算法，原理如图 9-31 所示。

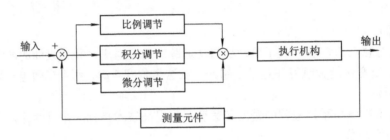

图 9-31　PID 控制原理框图

2. PID 算法的主要参数

PID 控制算法的三个最基本的参数是比例增益 K_p、积分增益 K_i、微分增益 K_d。

1) 比例增益 K_p

比例增益 K_p 考虑的是当前的误差。需要控制的量(比如水温)既有现在的当前值，也有期望的目标值。

当两者差距不大时，就让加热器"轻轻地"加热一下。要是因为某些原因，温度降低了很多，就让加热器"稍稍用力"加热一下。要是当前温度比目标温度低得多，就让加热器"开足马力"加热，尽快让水温到达目标附近。

实际写程序时，就让偏差(目标减去当前)与调节装置的"调节力度"建立一个一次函数的关系，就可以实现最基本的"比例"控制了。K_p 越大，调节作用越激进，K_p 越小会让调节作用越保守。

2) 微分增益 K_d

微分控制 K_d 考虑的是将来的误差。

有了 P 的作用，不难发现，只有 P 好像不能让平衡车站起来，水温也控制得晃晃悠悠，整个系统不是特别稳定，总是在"抖动"。

D 的作用就是让物理量的速度趋于 0，一旦物理量具有了速度，D 就向相反的方向用力，尽力刹住这个变化。

K_d 参数越大，向速度相反方向刹车的力道就越强，如果是平衡小车，P 和 D 两种控制参数调节合适了，它应该可以站起来了。

3) 积分增益 K_i

积分增益 K_i 考虑的是过去的误差。

还是以热水为例,假如有个人把加热装置带到了非常冷的地方开始烧水了,需要烧到 50℃。在 P 的作用下,水温慢慢升高,直到升高到 45℃时,他发现天气太冷,水散热的速度和 P 控制的加热速度相等了,水温不再上升。

设置一个积分量,只要偏差存在,就不断地对偏差进行积分(累加),并反映在调节力度上。这样一来,即使 45℃ 和 50℃ 相差不是太大,但是随着时间的推移,只要没达到目标温度,这个积分量就不断增加。到了目标温度后,假设温度没有波动,积分值就不会再变动,这时,加热功率仍然等于散热功率,但是温度是稳稳的 50℃。

K_i 的值越大,积分时乘的系数就越大,积分效果越明显,所以,I 的作用就是减小静态情况下的误差,让受控物理量尽可能接近目标值。

3. PID 算法在光源追踪系统中的实现

第一步:编写 PID 算法。读者可以在实验 EX9_5 的基础上编写 PID 控制程序,实现光源的追踪。

在本实验中,图 9-31 中的"执行机构"可以使用实验 EX9_5 中编写的 MotorTurnLeft(uint16_t step) 和 MotorTurnRight(uint16_t step) 来实现电机控制。"测量元件"部分可以使用 float Get_Chanel1_ADC_Value() 函数来计算两通道的电压差值。差值越小,光源的追踪越准确。

第二步:使用 CMSIS-DSP 库中 PID 控制函数实现 PID 控制。读者也可以参考实验 EX8_1,学习 CMSIS-DSP 库中 PID 控制函数,并移植到本实验中,实现点光源的追踪。CMSIS-DSP 库的移植方法可参考实验 EX8_2。例程路径为 "..\STM32Cube\STM32Cube_FW_F4_V1.26.0\Drivers\CMSIS\DSP\Projects\ARM"。参考程序框架如程序清单 9-7 所示,读者要自行修改并移植到本项目,使用时只需要设置比例、积分、微分的比例因子以及相应的 PID 函数即可。

程序清单 9-7 移植 DSP 库中 PID 算法的参考框架代码

```
1.typedef struct//PID 库中的 PID 参数结构体是 float_32 格式数据
2.{
3.float32_t A0; /**< 导出的增益, A0 = Kp + Ki + Kd . */
4.float32_t A1; /**< 导出的增益, A1 = -Kp - 2Kd. */
5.float32_t A2; /**< 导出的增益, A2 = Kd . */
6.float32_t state[3]; /**< 状态数组 */
7.float32_t Kp; /**< 比例系数 */
8.float32_t Ki; /**< 积分系数 */
9.float32_t Kd; /**< 微分系数 */
10.} arm_pid_instance_f32;
11.arm_pid_instance_f32 PID;
12./* 设置 PID 参数 */
```

13.PID.Kp = PID_PARAM_KP; /* 比 例 参 数 */

14.PID.Ki =　 PID_PARAM_KI;/* 积分参数*/

15.PID.Kd　=　 PID_PARAM_KD;/* 微分参数*/

16./* 初始化 PID 的参数 */

17.arm_pid_init_f32(&PID, 1);//该函数是通过用户配置了 Kp,Ki,Kd 后，通过

18.//该函数获得 A0，A1，A2。第二个参数是初始化标志位，设 1 即为初始化。

19.while (1) {

20./* 计算误差 */

21.float pid_error = TEMP_CURRENT - TEMP_WANT;

/* 根据误差计算 PID ，输出控制所需的占空比*/

22.duty = arm_pid_f32(&PID, pid_error);//读者自行编写

23.}

程序解析：

(1) 第 2 行是 DSP 库中的 PID 参数结构体，是 float_32 格式数据。

(2) 第 17 行是 PID 参数初始化。

(3) 第 22 行是读者根据具体项目，编写 PID 控制函数。

 EX9_7　点光源追踪程序 5——系统优化和扩展实验

使用实验 EX9_6 设计的基于 PID 算法的点光源自动追踪程序，调节 PID 控制算法的比例(Proportional)、积分(Integral)、微分(Derivative)参数，实现光电追踪的最佳性能。测试技术指标(准确度、速度、最大追踪角度、最大追踪距离)，与实验 EX9_5 进行比对，进一步体会 PID 算法的优越性。

PID 算法的参数调试是指通过调整控制参数(比例增益、积分增益/时间、微分增益/时间)让系统达到最佳的控制效果。

调试中稳定性(不会有发散性的振荡)是首要条件，此外，不同系统有不同的行为，不同应用的需求也不同，而且这些需求可能会互相冲突。

若 PID 算法控制器的参数未挑选妥当，其控制器输出可能是不稳定的，也就是其输出发散，过程中可能有振荡，也可能没有振荡，输出只受饱和或机械损坏等原因限制。不稳定一般是因为增益过大，特别是针对延迟时间很长的系统。

PID 控制器的两个基本的需求是调整能力(使系统维持在设定值)及命令追随 (控制器输出追随设定值的反应速度)。

五、实验总结

本实验使用 EDA 软件设计光电传感检测电路原理图和 PCB,通过网络完成 PCB 加工,自行焊接、调试。使用常见的光敏电阻、光电三极管、舵机、PID 算法,结合单片机的 ADC、

PWM，实现了简单的光电传感、检测和自动追踪控制系统。

六、实验作业

（1）使用单个光敏三极管实现光源追踪。本实验使用了两通道光敏三极管实现光电追踪。修改硬件和程序，只使用一个光敏三极管实现光源追踪。

焊接第三个通道光电检测电路，如图 9-32 所示。检测原理是当光源正对光敏三极管时，光敏三极管的电流最大，取样电阻两端电压最大。修改程序实现基于单个光敏三极管的光源追踪系统，并测试系统技术指标。

（2）用双电机实现上下和左右二维空间的点光源追踪。焊接光电传感与检测板全部的四个检测通道，使用双舵机，配合支架或云台，实现水平和垂直两个方向光源追踪。当光源上下、左右移动时，能在两个维度追踪。支架可在电商平台购买，如图 9-33 所示。

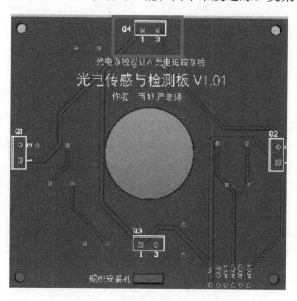

图 9-32　单通道光电检测板焊接图

图 9-33　二自由度可控电动云台图

附录　2010 年 TI 杯陕西省大学生电子设计竞赛试题

坦克打靶(C 题)(本专科共用)

一、任务

设计并制作一个可以寻迹的简易坦克,在坦克上安装由电动机驱动的可以自由旋转的炮塔,在炮塔上安装激光笔代替火炮。

本题的任务是控制坦克沿靶场中预先设置的轨迹,快速寻迹行进,并同时以光电方式瞄准光靶,实现激光打靶。本题仅考核在水平面上跟踪轨迹的精确性、在水平面上打靶的精确性以及完成任务的速度。

靶场如图 9-1 所示(测试现场不得自带靶场,光靶刻度板可以自带)。

二、要求

1. 基本要求

(1) 要求坦克从起点出发,沿引导轨迹快速到达终点。坦克上应自行标示一醒目的检测基准。在寻迹跟踪的全过程中,其检测基准偏离引导轨迹边缘距离应≤2 cm,一旦不满足该要求,坦克应自动给出声光报警;同时全程行驶时间不能大于 60 s,时间越短越好。行驶时间达到 60 s 时,必须立即自动停车并停止炮击的动作,给予声光报警。

(2) 在引导轨迹适当位置设置有 4 条"炮击点"黑色短线,坦克检测到"炮击点"黑色短线时需立即发出声光指示信息并停车,在检测到"炮击点"标志 1 s 内瞄准炮击。炮击全过程必须以激光指示弹着点并伴随声光指示,持续时间≥2 s,以便确切检测激光炮击点刻度位置,记录该过程中最大偏差值。

2. 发挥部分

发挥部分要求炮塔增加不少于 250 g 的转动惯量配重,配重低于 220 g 的发挥部分不测试。

(1) 全程行驶时间不能大于 40 s,其余要求同"基本要求"第(1)条。

(2) 坦克在行进过程中可以动态瞄准目标,当检测到"炮击点"黑色短线时立即炮击。炮击过程必须伴随声光指示,时间持续 2 s。炮击过程中不能停车,也不允许有明显降低坦克行进速度的情况发生,全程行驶时间不能大于 40 s。

(3) 坦克每瞄准炮击一次,炮塔应自动复位,当检测到"炮击点"标志时需在 2 s 内瞄准炮击且不允许停车,全程行驶时间不能大于 60 s。其余要求同"发挥部分"第(2)条。复位位置为火炮指向车头正前方位置,自动复位到位应当有声光指示信息。

(4) 其他。

三、说明

(1) 在白纸上绘制或粘贴引导轨迹。

(2) 引导轨迹宽度 2 cm，可以涂墨或粘黑色胶带，引导轨迹形状在竞赛时临时指定。轨迹曲率半径不小于 30 cm。"炮击点"黑色短线长 35 cm。

(3) 坦克行进及打靶不允许采用人工遥控，坦克外围尺寸：长度≤35 cm，宽度≤25 cm；坦克采用电池供电。竞赛测试过程中允许自带多套备用电池。

(4) 炮塔电机体积不大于 5 cm×5 cm×5 cm。

(5) 配重体轴向厚度不大于 2 cm，便于取下称量检查。

(6) 光靶采用电压 12 V、功率≤15 W 的小汽车灯泡，灯泡中心距地面 25 cm。竞赛时可以自备。

(7) 光靶刻度板长约 50 cm，每间隔 1 cm 刻一条竖线，光靶中心线两侧各 25 条。每 5 条做一标记，如 1，5，10，15，20，25。炮击点规定在灯泡以下便于观察位置。

(8) 发挥部分中的"其他"项指与本题目密切相关的内容。

四、评分标准

项　目	主　要　内　容	满分
设计报告 (本科 30 分) (高职高专 10 分)	报告内容： (1) 方案比较、设计与论证。 (2) 理论分析与计算。 (3) 电路图及有关设计文件。 (4) 测试方法与仪器，测试数据及测试结果分析	
基本要求(50 分)	完成第(1)项	25
	完成第(2)项	25
发挥部分(50 分)	完成第(1)项	10
	完成第(2)项	15
	完成第(3)项	17
	其他	8

参 考 文 献

[1] JOSEPH Y. ARM Cortex-M3 权威指南[M]. 宋岩，译. 北京：北京航空航天大学出版社，2009.

[2] 漆强. 嵌入式系统设计：基于 STM32CubeMX 与 HAL 库[M]. 北京：高等教育出版社，2022.

[3] 严学文. 电子信息类专业课程设计教程和典型案例：基于 TouchGFX 的智能硬件可视化设计[M]. 西安：西安交通大学出版社，2022.

[4] 王维波，鄢志丹，王钊. STM32Cube 高效开发教程(基础篇)[M]. 北京：人民邮电出版社，2021.

[5] 杨白军. 轻松玩转 STM32Cube[M]. 北京：电子工业出版社，2017.

[6] 廖建尚，郑建红，杜恒，等. 基于 STM32 嵌入式接口与传感器应用开发[M]. 北京：电子工业出版社，2018.

[7] 漆强，欧中华，刘子骥，等. 嵌入式系统设计工程实践：基于 Cortex-M3 内核处理器 LPC17XX[M]. 北京：国防工业出版社，2015.